新手也能駕馭の
41個時尚特選口金包

白膠黏貼就OK！簡單縫，好好作！

新手也能駕馭の
41個時尚特選口金包

白膠黏貼就OK！簡單縫，好好作！

\白膠黏貼就OK！/
\簡單縫，好好作！/

新手也能駕馭の41個時尚特選口金包

越膳夕香

前言
～寫在第二本口金包專書出版之前～

2013年春天，《手作人最愛×拼布人必學！：39個一級棒の口金包》出版後，
獲得超乎想像的熱烈回響，非常感謝大家。

這些回響讓我有些不知所措，
我看到口金包小物屋店中的熱鬧景況成為新的熱門話題，
受歡迎的電視劇裡也以口金包作為小道具，
於此同時還傳來令人欣喜的消息，
8月8日終於被正式認定為「口金包日」。
（譯註：「啪」聲為口金開合聲，與8同音，因此定此天為口金包日。）
像這樣，口金包在各地都受到關注，
看到這一切我既難為情，又感到有點得意。

只在一旁看，讓我有點不滿足，
於是我想再創作新的口金包。
手邊有很多從以前開始收集，至今都沒用過的口金，
不知可否用那些素材創作？我打算實驗看看。

於是，我創作了這本書。

本書的前半部，蒐集了每天生活與
工作場所都能派上用場的口金包，
以及適合旅行時攜帶的便利口金包等，
每件作品都有特定用途，而非籠統的口金隨身包。
這都是容易製作的扁平款式。

在後半部單元中，我嘗試以稍有變化的素材製作，
或使用附各式各樣珠頭的口金。
此外，即使以相同的口金製作，若包形不同，也會變成截然不同的作品，
我也例舉出幾個這樣的範例。

不論是製作口金包，或使用自製的口金包，
若你發現更進一步享受兩者的祕訣，我會感到十分開心。
今後，請多多發出「啪」地聲音吧！

越膳夕香

Contents

用途廣泛，
四角扁平的外出口金小物

	作品	作法
卡片包×3	4	42
筆袋×2	5	43
存摺包	6	44
筆記封套	7	45
8寸扇袋	8	46
A5＆A4文件包	9	46
護照包	10	47
飾品包	11	48
面紙包	12	49
摺鏡包	13	50
迷你口金包×10	14	51

column1
口金＆選布的二三事　16

試用布料，
活用素材的造型口金包

心形毛皮肩包	18	55
毛皮晚宴包	19	56
防水隨身包×2	20	57
防水保特瓶袋	21	58
壓縫布眼鏡包	22	59
壓縫布相機包	23	60
皮製親子隨身包	24	61
雙層皮肩包	25	62

以附個性珠頭口金製作的隨身包＆提包

條紋珠頭＋尖褶的隨身包	26	63
壓克力珠頭＋針織縮絨的 窄底隨身包	27	63
木珠＋毛料加仿麂皮滾邊的 提包＆隨身包	28	64
大理石方珠頭＋綴綢及帆布的 四角隨身包	29	66

閃亮提包＆飾品

銀星流蘇包＆金星隨身包	30	67
鑲鑽口金絲絨提包＆項鍊	31	68

column2
挑選素材＆自由發想　32

作法　33

原寸紙型　69

用途廣泛，四角扁平的外出口金小物

平時放在包包裡的隨身用品，
以及旅行時的便利收納包，以口金製作看看吧！
本單元收集了只要鑲上口金就行，款式簡單的扁平口金包。

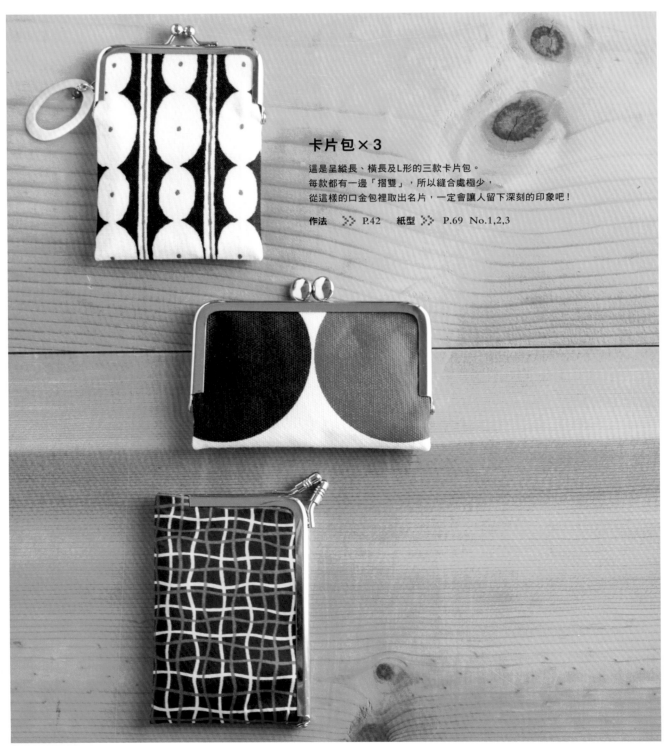

卡片包×3

這是呈縱長、橫長及L形的三款卡片包。
每款都有一邊「摺雙」，所以縫合處極少，
從這樣的口金包裡取出名片，一定會讓人留下深刻的印象吧！

作法 >> P.42　　**紙型** >> P.69　No.1,2,3

4

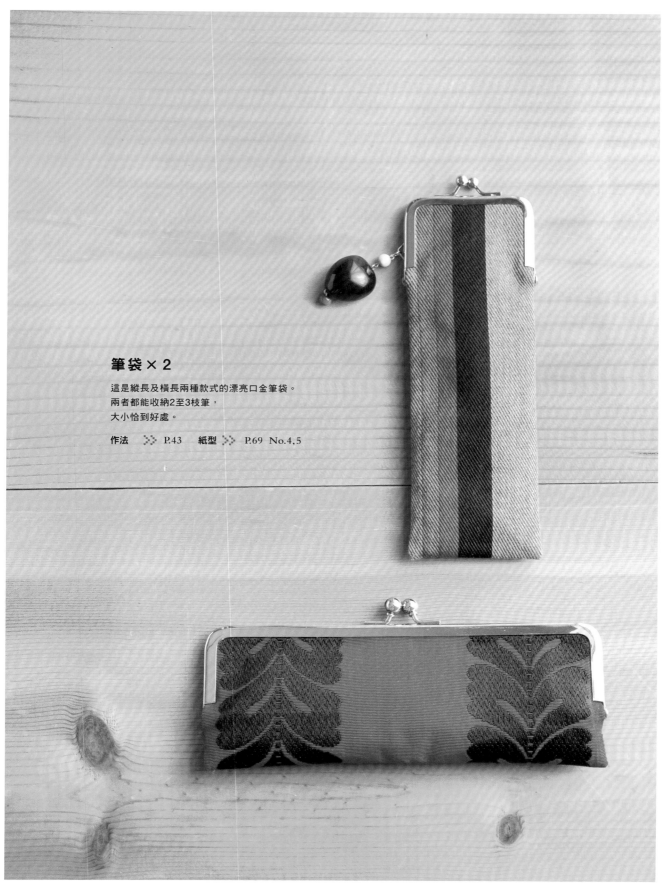

筆袋 × 2

這是縱長及橫長兩種款式的漂亮口金筆袋。
兩者都能收納2至3枝筆，
大小恰到好處。

作法 >>> P.43　　**紙型** >>> P.69　No.4,5

存摺包

我希望存摺與錢包分開放置，但存摺直接放在包包裡缺少防護。
那麼，我就來製作一個專用的保護套吧！
口金包裡附有可存放一本存摺及三張卡片的口袋。

作法 >> P.44　　紙型 >> P.70 No.6

筆記封套

這款雖然是窄版筆記專用的口金包，
不過若找到適合愛用筆記大小的口金，不妨也作作看！
只要在兩側縫上貼邊布，作法比外觀看起來更簡單！

作法 ≫ P.45　　**紙型** ≫ P.70 No.7

8 寸扇袋

這是能放入男性扇子的8寸長口金包。
以貼合法製作,是適合初學者的入門作品。
因口金附有圓環,加上精緻的流蘇墜飾更吸睛。

作法 >> P.46　　**紙型** >> P.70 No.8

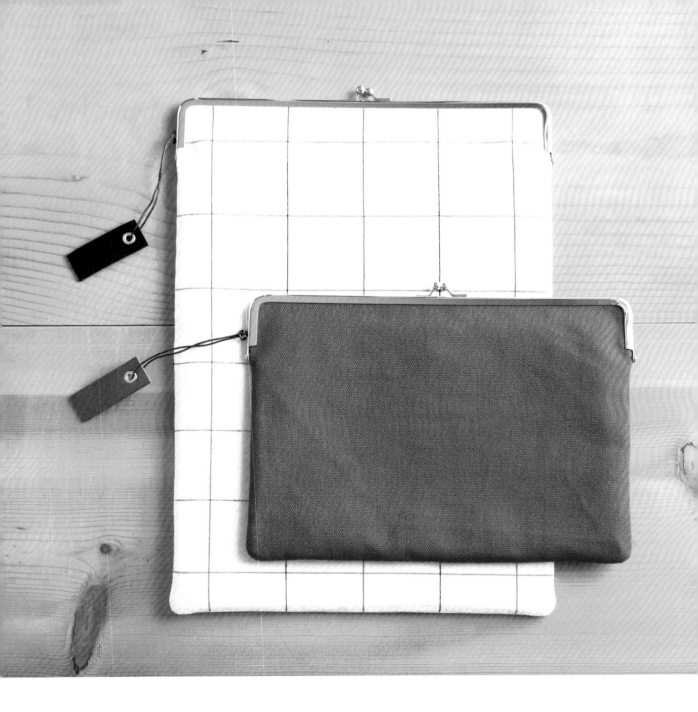

A5 & A4 文件包

這兩件作品使用與左頁扇袋相同的口金製作。
A4及A5大小多作幾個，可以分門別類收存文件。
除了收納筆記本、文件及平板電腦……還可收存口金包的紙型。

作法 >> P.46　　**紙型** >> P.70 No.9,10

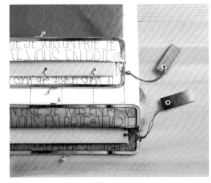

護照包

這是方便旅行時行動的口金護照包。
為了便利實用，我在表袋加縫了一個口袋。
背繩可以更短些，也可以使用沒附圓環的口金製作。

作法 ⟫ P.47　　**紙型** ⟫ P.71 No.11

飾品包

這個口金飾品包，也是我推薦的旅行良伴。
耳環、戒指、項鍊等掛環是用零頭皮革製作。
可依個人喜好，變更內部的配置以利使用。

作法 ≫ P.48　　紙型 ≫ P.71 No.12

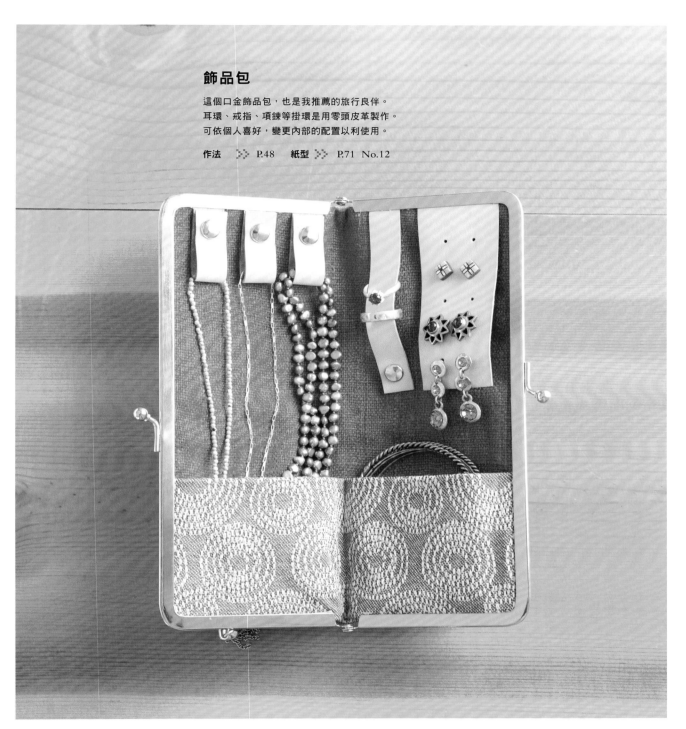

面紙包

正確來說，這件是外側附面紙包的口金包。
包內還有放面紙以外物品的空間，十分方便實用。
以附環的口金製作，加上繩帶及手帕可送給小女孩作為禮物。

作法 >> P.49   紙型 >> P.71 No.13

摺鏡包

一打開口金包就出現鏡子，以口金的框固定後，
即變成超好用的立鏡。還有一個可放化妝棉的方便內口袋。
與化妝包一起成套製作也很棒。

作法 >> P.50　　紙型 >> P.72　No.14

迷你口金包×10

口金包除了放零錢之外，還能放隨身用藥，
也能裝外出時取下的耳環及戒指等，用途廣泛。
作為禮物也一定很受歡迎。

P.14

上段（自左至右）

| 作法 | ≫ | P.51 | 紙型 | ≫ | P.73 No.15 |
| 作法 | ≫ | P.51 | 紙型 | ≫ | P.73 No.16 |

中段

| 作法 | ≫ | P.51 | 紙型 | ≫ | P.73 No.17 |

下段（自左至右）

| 作法 | ≫ | P.52 | 紙型 | ≫ | P.73 No.18 |
| 作法 | ≫ | P.52 | 紙型 | ≫ | P.73 No.19 |

P.15

上段（自左至右）

作法 ≫ P.53　　紙型 ≫ P.73 No.20

作法 ≫ P.53　　紙型 ≫ P.74 No.21

中段

作法 ≫ P.53　　紙型 ≫ P.74 No.22

下段（自左至右）

作法 ≫ P.54　　紙型 ≫ P.74 No.23

作法 ≫ P.54　　紙型 ≫ P.74 No.24

製作口金包
最初的樂趣
是挑選口金。
各式扭轉開合的
珠頭備受矚目。

口金包開合時,珠頭的兩個扣頭會
發出「啪」的聲音。一般的珠頭為圓
珠,不過也有造型略微不同的珠頭。
我以左圖的口金為例來介紹。
因製造商不同,珠頭名稱也互異,這
裡以俗稱介紹,從上而下分別為棗
珠、棋子珠、逆珠、球棒珠、甜甜圈
珠、套珠等。命名者不可考,不過名
稱及外形很貼切。

也有珠頭造型更富變化的口金。
除了金屬珠頭之外,還有彩色壓克力、天然木製
等珠頭的口金。
這些口金不是珠頭直接碰撞「啪」地卡扣在一
起。最常見的設計是在珠與珠之間的根部有顆小
圓珠。這種珠頭又稱「糖果珠」。
這類有趣的造型口金將在P.26登場,請開心享受
箇中趣味。

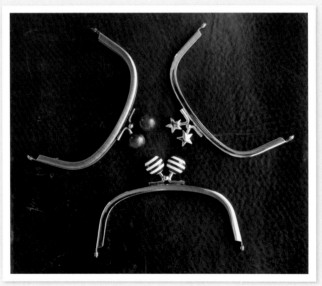

以小塊布料就能製作，也是口金包的優點。製作各種服裝、提包後剩下，已無新鮮感的零碼布，一旦鑲上口金，就能令人耳目一新。

在裁布之前，建議各位能考慮一下布的截取剪裁方式。

在燙衣板上平放布料，燙貼複寫好紙型的布襯時，請先依照想像模擬放置。你也許覺得那樣剪裁最好，大概沒有更好的選擇了！但或許還有不同的裁布方式也說不定呢！

例如，上圖是P.5 No.4的口金筆袋。

這件作品使用左右不對稱的彩色條紋布，不過縱向或橫向裁布，作品給人的感覺截然不同。此外，位於下方的橫長款筆袋，是使用相同的布料，以P.5 No.5的紙型製作。右圖中，P.15 No.20的口金零錢包，縱向及橫向剪布，作品呈現的感覺也不同。

P.14 No.19的口金零錢包，左側作品是取正斜紋來裁布，右側是依普通的布紋裁布。

我試著比較兩者，覺得哪個較佳，便在作品頁中介紹。

像P.14 No.16那樣裁取大圖樣的一部分時，又更富趣味。

在布料上放上已複寫紙型的布襯，試著透視看看，在熨斗燙貼前，嘗試各種可能的呈現方式。貼上布襯後，即使沒注意到布紋走向也沒關係。請裁取最佳的圖樣部分，讓手邊的零碼布再生利用吧！

試用布料，活用素材的造型口金包

熟悉使用容易處理的棉或麻布製作後，也試用一些特殊素材製作吧！
本單元口金包的縫合處較少，
所以即使是不擅長使用的素材或許也能順利製作。

心形毛皮肩包

我活用雙山形口金製成心形肩包。
是使用其他素材也能完成的可愛作品。

作法 >> P.55   紙型 >> P.74 No.25

毛皮晚宴包

我希望製作手拿的外出包是大尺寸的口金，而非小隨身包。
若使用搶眼的素材，有時也可以當作晚宴包。

作法　>> 　P.56　　紙型 >> 　P.75　No.26

防水隨身包×2

活用防水布的優點，只以一片布縫製成無裡布的隨身包，
簡單的側身只需摺疊縫合即完成。
兩款紙型共用，只改變側身摺疊法的兩種版本。

作法　▷▷　P.57　　紙型　▷▷　P.75　No.27

防水保特瓶袋

這是表布使用霧面防水布，裡布使用保冷布的
保特瓶袋。因為附有彈簧鉤能夠裝卸的提帶，
以提包的提把也能提拿。

作法 ▷▷ P.58　**紙型** ▷▷ P.75　No.28

壓縫布眼鏡包

這裡使用的口金，及P.18的心形肩包一樣是無環的款式。
因為是有側身的設計，所以也能收納尺寸較大的眼鏡。
不只可作為眼鏡袋，也能當作造型獨特的隨身包使用。

作法 　>> 　P.59 　　紙型 >> 　P.75 　No.29

壓縫布相機包

這是使用具有緩衝作用的壓縫布，附有側身的壓縫布相機包。
雖然安裝了短的皮提把，亦可視個人喜好調整長度。

作法　≫　P.60　　紙型　≫　P.76　No.30

皮製親子隨身包

我不是採用親子口金，
而是自由組合不同大小的口金，
帶點遊戲的心情創作。
想像各別的包裡要放哪些東西也充滿樂趣。

作法 >> P.61　　**紙型** >> P.76 No.31

雙層皮肩包

這件作品組合附環及無環的相同口金。
在袋布兩端鑲嵌口金，從袋底翻摺後，
其間就能形成口袋。

作法 >> P.62　　紙型 >> P.76　No.32

以附個性珠頭口金製作的隨身包＆提包

〈 本單元蒐集各式各樣具有個性珠頭的口金。
配合珠頭素材及色調，挑選用布及決定包包的外形。
能夠進一步享受製作口金包的無窮樂趣。 〉

條紋珠頭＋尖褶的隨身包

這兩款是手掌好拿握，大小適中的圓形隨身包。
為搭配梳形口金，袋底加入尖褶的設計，
條紋珠十分搶眼，搭配簡單的包形就很好看。

作法 >> P.63　　紙型 >> P.77 No.33

壓克力珠頭＋針織縮絨的窄底隨身包

採用角丸形口金且單純的設計，
窄底是容易製作的包形。
多彩的壓克力珠口金，還能享受與布料配色的樂趣。

作法 ≫ P.63　　紙型 ≫ P.77 No.34

木珠＋毛料加仿麂皮滾邊的提包＆隨身包

側身、袋身加細褶，再進行滾邊，是深受好評的提包。
若覺得提包有點難度，請先製作隨身包吧！

作法 ≫ P.64,65　　**紙型** ≫ P.77 No.35,36

大理石方珠頭＋綢綢及帆布的四角隨身包

袋身、側身以四角形布片縫合的寬底隨身包，是口金寬度不同的大小兩件組。
側身部分使用帆布，袋身比外觀看起來更結實牢固。

作法 >> P.66　　紙型 >> P.78　No.37,38

閃亮提包&飾品

有時候這麼正式的提包及隨身包，
我也會以口金製作。
請選用別緻的口金，以及珍藏的布料製作吧！

銀星流蘇包&金星隨身包

兩件作品使用有重點星形珠頭的不同色口金。
袋底夾縫流蘇織帶的迷你提包使用附環款式。
袋底摺雙剪裁的隨身包則使用無環款式。

作法 >> P.67　　紙型 >> P.79　No.39

鑲鑽口金絲絨提包＆項鍊

採用非兩顆啪地開合的珠頭，而是「套扣」式扣頭上鑲嵌人造鑽的豪華口金，
這個提包當然適合作為派對宴拿包。
若以零頭布製作成套的項鍊，就算是樸素的服裝也會呈現禮服般的效果。

作法　>> 　P.68　　紙型　>> 　P.79　No.40,41

若用這樣的
素材製作
口金包……。
請嘗試
自由發想。

右圖的口金包去除金屬配件後，一個份的材料是兩種4cm寬、8cm長的緞帶。只要在正面及背面的兩種緞帶周圍塗上白膠後黏合，再鑲上口金就行。右是使用金黃色織帶，左是使用格紋緞帶，不過兩者的裡側都以絲絨緞帶製作，絲絨也是適合保存飾品的素材。可依個人喜好，在口金包上加裝鍊條、鑰匙圈等。

■使用口金
寬4×3.8cm（F16・左：N・右：G／ツ）

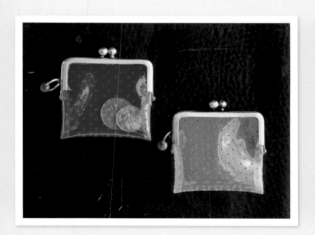

上圖的口金包是以家中偶然找到的彩色螢光零頭塑膠網布製作的。當然一片就能完成，兩側以透明縫線縫合。加裝的墜飾，只是在大單圈中穿入木串珠即成。
能看見內容物的塑膠網布口金包，有哪些用途呢？並不適合拿來裝私房錢。給孩子「第一次買東西」使用，應該不錯吧？
口金：寬7.5×3.5cm（CH-110・左：AS・右：BN／タ）

牛仔褲上的布標很大塊，看起來蠻酷的，我捨不得丟。放上常用的2.5寸口金試量後，尺寸剛好，我將布標對摺縫合兩側，再加上黑色的亞麻牛仔布裡袋，鑲上口金後，就成為零錢包，一直愛用至今。墜飾是我在孩童時期當作項鍊，充滿回憶的老配件，我是個惜物的人。
口金：寬7.5×3.9cm（F18・N／ツ）

■使用紙型＆口金
上述三款作品，使用與P.14的No.15相同的紙型，以及寬7.5cm的口金製作。兩側的止縫點位置，需根據口金的腳長進行微調。

作 法

本書的作品請全部參照
「基本作法（P.38至41）」製作。
確認各作品的作法頁與紙型後，
請立刻動手作作看吧！

給第一次作口金包的新手

【 從方形款口金開始 】
比起圓形口金，初學者一開始較適合以方形口金來練習。布料建議使用厚薄適中，有規則碎花圖樣的棉布或麻布。例如若用格紋棉布，因圖案能直接作為對齊的指標，當布沒有筆直嵌入口金溝槽時，比白布更容易發現。

【 正確度相當重要 】
請謹慎仔細的正確作業。口金包的尺寸小，即使只有公釐（mm）為單位的小誤差，對成品也會有很大的影響。作記號或裁剪時，請儘量使用銳利順手的工具。建議使用美工刀比用剪刀更佳。

【 準備骨筆及錐子 】
翻摺摺份，或打開縫份以白膠黏貼等時，骨筆都能派上用場。作記號，挑出側身及口袋邊角，或是嵌入口金時，都必須用到錐子。

【 熟能生巧請多嘗試 】
嵌入口金的作業，剛開始可能會讓你覺得很難，不過熟能生巧。別怕失敗，請多試幾次。但要留意白膠勿沾黏到其他地方。黏在口金上的白膠，乾了之後可以撕下，但是小心別沾黏到袋布上。作業時，手與工具請保持乾淨。

關 於 標 示

【 成品尺寸 】
在各作品作法頁中，成品尺寸大致以「W（寬）×H（高）×D（底寬）」來標示。

【 用尺 】
布長以橫×縱來標示。因為都是日常小物，以1cm為單位來進位較恰當。容易綻線的布料或必須對準圖案的布料等，請多留點備份。

【 口金種類 】
本書使用的口金，在「材料」處全部標示出製造商名稱及品號。

刊載範例）作品No.1的情況
口金：寬7.5×10.5cm（F18・N／Ⓣ）
　　　 尺寸　　　　　品號 顏色 製造商

顏色（電鍍色）的簡稱
N＝白鎳、G＝金、B＝黑鎳、BN＝青銅、AS＝古典銀、AG＝古典金、ATS＝霧面黃銅、DB＝霧面紅銅

製造商名稱的簡稱
Ⓣakagi纖維　　Ⓣ角田商店　　Ⓣ藤久

【 口金尺寸 】
以「寬×不含圓珠的高（下面至鉚釘的下緣）」來標示。各家廠商的尺寸標示可能略有不同。

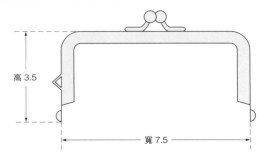

高 3.5
寬 7.5

【 紙繩 】
在材料中並未標示「紙繩」。根據口金的溝槽寬度及布的厚度，所需的紙繩分量也不同。即使是相同的口金，不同厚度的布料，有時需要調整紙繩的粗細度（參照P.39）。有的口金附有紙繩，但請留意，若沒有隨附時，必須另外準備。

關於原寸紙型

【 紙型刊載頁 】

本書介紹的所有作品都附有原寸紙型。作法頁中也標示了紙型刊載的頁碼,請找出自己想製作的作品編號。

【 摺份・縫份・記號 】

所有原寸紙型上,都已加上0.6cm的摺份及縫份。若你已能依縫紉機的壓布腳準確車縫,不複寫這條線也沒關係。大面積的作品對摺時,摺線處會標示「摺雙」,請以「摺雙」的虛線為中心,對稱展開後使用。

左右的中心線、合印記號、縫止記號及安裝金具的位置等,請別忘記都要完整複寫。

【 用法 】

原寸紙型大致區分為兩種用法。裁布時,所有作品都先用紙型在布襯上描繪出輪廓,布襯貼到布上後再裁剪,就能輕鬆又少誤差地完成。

> **1.在原寸紙型上疊上不織布型的布襯,**
> ** 透過空隙,以鉛筆沿紙型畫出輪廓。**

將布襯直接貼到布上,一起裁剪即OK,立即可進行製作。

> **2.原寸紙型先描畫在薄紙上,以厚紙等裱褙,**
> ** 製成紙型。**

將厚紙製作的紙型放在布襯上,沿輪廓描繪。仔細製作的牢固紙型,製作多個相同作品時很方便。

【 使用不同製造商的口金時 】

口金的規格有微妙的差異,不同的製造商會生產同尺寸的口金。相對地,同樣標示「2.5寸」的口金,因製造商不同,腳的長度有可能差距數公釐。

製作使用手拿式口金的作品時,擔心尺寸有差異時,請試著在原寸紙型的口側線條上疊上口金。

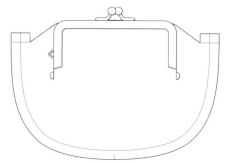

接著,以肩部為支點旋轉口金,試著讓腳的部分疊在紙型上。

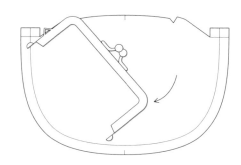

若鉚釘能夠疊在側身的縫線上便無妨。若口側長度符合夾入口金的總距離,布就能嵌入。若有數公釐的差距,可在肩部剪出V字形牙口,來吸收誤差。

關 於 布 襯

【 使用薄布襯 】

在整片表布及裡布上燙貼布襯時，建議使用無彈性的不織布型薄布襯。這種布襯有縫隙，容易對準圖案，燙貼布襯後再剪裁，也能避免布邊綻線。

【 使用棉襯 】

希望口金包有防震功能，以利收納飾品或相機時，可將布襯改為棉襯。但是，袋布加了棉襯後變得太厚，不易嵌入口金中，所以請掌握布料厚度及口金溝槽寬度之間的平衡點來選用。

【 黏貼袋口襯 】

根據使用的布料及外形，袋口的牢固度也不同，不過希望袋口更牢固時，可以黏貼袋口襯。

以薄的厚紙板等製作厚襯，貼合表袋及裡袋的袋口時夾入其間，只黏貼袋口處就行。書裡未附袋口襯的紙型，請參照右圖自行製作，形狀差不多即可。

【 夾入袋身襯 】

製作P.4至P.5那樣對摺款式的口金包時，若希望作品更堅固，可在袋身整體加上裡襯。並非整體貼合裡襯，而只在周圍塗上白膠，一邊在底部彎摺處作記號，一邊貼合。請參照下圖製作袋身的紙型。

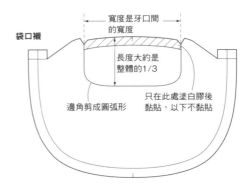

袋口襯

寬度是牙口間的寬度

長度大約是整體的1/3

邊角剪成圓弧形

只在此處塗白膠後黏貼，以下不黏貼

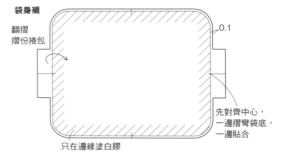

袋身襯

翻摺摺份捲包

0.1

先對齊中心，一邊摺彎袋底，一邊貼合

只在邊緣塗白膠

鑲 嵌 口 金 的 訣 竅

【 重點是漂亮鑲嵌 】

詳細的鑲嵌步驟，在「基本作法」（P.38）中雖然有解說，不過這是最難的部分，請先掌握這個重點。

● 有側身的口金包，貼合表袋及裡袋後，為了更容易嵌入口金中，請先確實摺出摺痕。
● 在口金的溝槽中抹上白膠前，先演練鑲嵌作業。確認袋布能否完美嵌入，紙繩是否粗細適中等。
● 鑲嵌時不要只專注一處，須一邊檢視整體，一邊鑲嵌。
● 紙繩勿嵌得太深，嵌到約略能看到紙繩的位置即可。

【 鑲嵌不完美時 】

心中想著「終於完成了！」但仔細一瞧，卻發現「沒有好好鑲嵌，竟然嵌歪了」時，一點點撥弄想要修整，是調整不好的。白膠未乾之前，大致還能清理掉，請將紙繩及布全部抽出重頭鑲嵌。小心完整地抽出紙繩，還能再次利用。

【 夾扁鉚釘旁的邊角 】

口金包作業的最後，雖然以鉗子夾扁口金鉚釘旁的邊角，較令人放心，不過我覺得不見得每件作品都要夾扁。只要仔細地抹入白膠，將粗細適中的紙繩嵌入適當的地方，就不必擔心袋布會脫落。口金一旦夾扁，就很難復原了！

本書作品中，只有No.35、36等使用厚布的作品才夾扁邊角。話雖如此，待白膠乾了之後，若用力拉扯袋子，依然會脫落，所以清理時要留意。

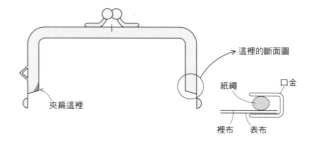

這裡的斷面圖

夾扁這裡

紙繩

口金

裡布　表布

製作口金包的工具

介紹我製作口金包時常使用的工具。
不過，縫紉機、熨斗及鉛筆等因為省略而不特別介紹。
並非沒有備齊相同的工具，就無法製作，
身邊有許多用品都能替代，首先請費點功夫找出家裡現有的工具。

這是及下圖中的「口金嵌條鉗」相同功用的工具。**重量較輕較易運用。口金包專用嵌條器具（CH-9000）／Takagi纖維**

【 製作袋布的用具 】

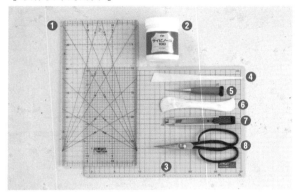

❶方格尺：製作紙型；作記號。

❷白膠（圖中是「Saibinol 100」／Craft社。使用手藝以白膠、木工以白膠皆OK）：黏貼袋布的縫份、摺份及袋口；黏貼袋口襯及袋身襯。

❸切割墊：製作紙型；裁切布襯及布料。

❹黏膠抹刀（製作厚紙等時也能用）：黏合縫份、摺份、袋布口等。

❺錐子：作記號；修整袋布外形；將袋布嵌入口金溝槽中。

❻骨筆：製作摺份的記號；修整縫份及圓弧形狀。

❼美工刀：製作紙型；裁切布襯及布料。

❽剪刀（比布剪小且銳利，連刀尖都鋒利好剪）：縫份等處剪牙口。

【 製作流蘇墜飾，或安裝鍊條時便利的用具 】

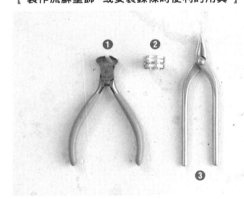

❶剪鉗：剪裁T針或9針。

❷指套：開合單圈或鍊條時，戴在手指上輔助鉗子的使用。

❸嘴鉗：安裝單圈、鍊條時，用來開合的工具。也可用來夾圓T針或9針的前端。

※流蘇墜飾請參考作品製作，並無介紹詳細的作法。

【口鑲嵌口金時使用的工具 】

❶剪刀（有別於布用剪刀的堅硬工作剪刀）：剪斷紙繩。

❷竹抹刀（也可以竹籤或牙籤取代）：在口金溝槽中塗抹白膠。

❸白膠（「T白膠」／角田商店。也可以使用左圖白膠的姐妹品「Saibinol 600」。或使用乾了之後變無色透明，黏著力強的其他產品）：鑲嵌口金時，抹在溝槽內。

❹口金嵌條鉗（「口金嵌條鉗」／角田商店。以拇指指甲嵌入紙繩也OK。也建議使用上圖的輕便款「口金嵌條鉗」）：在口金中嵌入紙繩並修整。

❺口金修正鉗（「口金修正鉗」／角田商店。也可在剪鉗上捲上布替代）：夾扁口金前端的邊角。

【 安裝鉚釘及雞眼釦時需用的工具 】

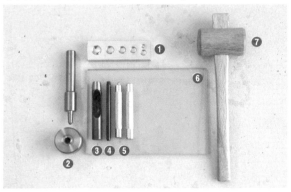

❶萬用環狀台：安裝鉚釘及四合釦時的底座。

❷雞眼釦組裝工具（沖棒及底座一組）：安裝雞眼釦。

❸打洞器：在安裝鉚釘及雞眼釦的位置上打洞。

❹鉚釘組裝工具：對萬用環狀台一起使用，用來安裝鉚釘。

❺四合釦組裝工具（2支一組）：與萬用環狀台一起使用，用來安裝四合釦。

❻塑膠板（以橡膠板、切割墊製作也OK）：使用打洞器或組裝工具時，鋪墊在下方的墊板。

❼木槌：敲打打洞器或組裝工具。

基本作法

任何款式的口金包，都是從紙型在布襯上描繪輪廓，布襯燙貼到布的裡側，裁剪好之後開始作業。

Type A

有側身形

這類型口金包又分為：分別裁好袋身及側身再縫合的類型，以及袋身連接側身，側身朝內側摺入的類型，不過，表布及裡布分別翻摺兩側的摺份，再貼合的作業，兩者是相同的。

在兩肩的V字形牙口，位於側身摺山的延長線上，牙口有助塑出立體的側身，也是平順鑲嵌口金的重要部分。但是，牙口需藏入口金中，所以請留意別剪得太深。重點是以牙口的V字形頂點為起點，先仔細摺出摺痕。

▶▶裁布

1 為了讓袋口更牢固加上袋口襯時，在此階段，在表袋及裡袋的袋口上都貼上襯（參照P.36）。

3 在縫份的圓弧部分剪牙口，剪至距離縫目約0.2cm處。再間隔約0.5至0.8cm，與縫目呈垂直剪牙口。裡袋也依相同方法作業。

▶▶製作袋身

2 將表布2片、裡布2片分別正面相對合印後，縫合周圍。以縫紉機的壓布腳為基準，表布的縫目稍微靠外側一點，裡布稍微靠裡側一點，兩者有點差距，才能平整重疊。根據布不同的厚度，差距程度也不同。

4 在縫份上抹白膠翻摺黏貼，打開縫份。圓弧的部分以骨筆等翻開，剪牙口部分才能平整重疊。

5 若直接平放黏合縫份，縫目部分會變尖突出，趁白膠未乾時，手放入袋中按壓縫目，讓縫目變平。

6 表袋及裡袋的縫份都處理好的狀態。

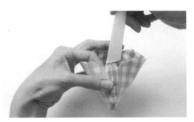

7 在兩側的摺份裡側抹白膠。難摺疊的布料，可以先以骨筆沿摺線壓出摺痕。

8 翻摺後黏合。若布太厚也可以剪去多餘的縫份。裡袋也以相同作法完成。

9 表袋及裡袋的摺份都處理好的狀態。

Option

為了讓袋口更牢固加上袋口襯時，在此階段，在表袋及裡袋的袋口上都貼上襯（參照P.36）。

10 將表袋翻回正面，修整形狀。

11 在袋口部分塗一圈白膠，在表袋裡重疊放入裡袋。

12 從兩側的摺份部分開始貼合。仔細對齊側身的縫目。

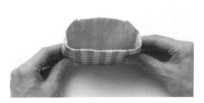

13 將中心的記號合印，也貼合中央部分。整理袋身，直到袋底邊角都確實重疊。

14 在側身摺出袋底部分的摺痕。從V字形牙口頂點到側線中央為止摺山線，到已貼合的側身摺份處摺谷線。

15 為了讓左右對稱，兩側都要摺出摺痕。袋身成為能直接嵌入口金的狀態。

▶▶鑲嵌口金

16 配合口金，將紙繩裁剪成長2條、短4條。圓形、梳形等口金，也可以配合紙型，以V字形部分為基準來分剪紙繩。

17 將紙繩反向扭轉展開。慢慢地小心轉開，以免弄破紙。

18 重新捲好紙繩。讓紙繩中含有空氣，才能吻合口金溝槽的形狀，嵌得更穩固。重新捲好後，剪齊突出的兩端。

19 在口金溝槽中抹白膠前，先模擬演練鑲嵌。確認袋布是否能平順合攏。

20 在任何一處皆可，讓口金溝槽中保持夾入袋布的狀態，確認紙繩塞入狀況，粗細是否恰當。

Option

在厚布情況下，相對於口金的溝槽，若紙繩太粗時，可將紙縱向撕窄一點再重新捲起來。相反地若紙繩太細時，可將2片紙重疊，重新捲成紙繩後再塞入。

21 在口金溝槽中抹白膠。仔細在內側（及裡布接觸面）及槽底塗抹。白膠儘量抹均勻，邊角部分也要確實塗抹。將口金顛倒立起來較方便作業。

22 兩側縫線與鉚釘中心合印，在保持摺痕的狀態下，將布邊嵌入口金腳的部分。

23 在口金前端邊角，布邊受到拉扯無法好好嵌入溝槽中，這時可以錐子將布邊壓入溝槽裡。

24 袋布邊緣確實嵌入口金溝漕裡後，可以先在鉚釘旁的位置放入紙繩暫時壓住。

25 嵌入中央部分。從側身還是中央開始鑲嵌，視每件作品的情況。若覺得中央較容易作業，可先從中央開始（不過我最近大多從側身開始）。

26 受到口金前端布邊的拉扯，邊角處的布邊也要以錐子確實塞入溝槽裡。

27 不時察看正面，確認沒有露出V字形牙口，整體沒有歪斜。

28 嵌入紙繩。先在鉚釘旁固定短紙繩的一端，在中央部分固定長紙繩後，在邊角部分再塞入兩者的紙繩端。

29 注意紙繩勿壓入溝槽深處（參照P.36）。以拇指指甲或鑲嵌用器具、一字起子等嵌入紙繩。

30 紙繩全部嵌入後，察看表側，手指伸入袋中如舉起口金般讓袋身隆起，修整袋形。袋口保持打開靜置，直到白膠變乾為止。

Option

擔心袋布脫落時，以口金修正鉗只夾扁口金內側的鉚釘旁邊處。或以鉗子輕輕夾扁（參照P.36）。使用鉗子時，鉗口墊上碎布，以免夾傷口金。

完成。

袋底摺雙剪裁
對摺形

Type B

這類型的口金包沒有縫合的地方,所以不使用針線,只需以白膠貼合即可。製作重點是貼合時摺彎袋底。

1 將表布1片、裡布1片燙貼布襯後裁剪好。摺線省略不畫也OK。縱、橫都畫上中心線。

2 在兩側的摺份上塗抹白膠後黏貼。

Option

黏貼袋身襯時,在表布及裡布之間,夾入裁掉摺份、周圍剪得小0.1cm的厚紙等(參照P.36)。

3 為了讓袋底自然彎曲,一面摺彎,一面貼合。這時表、裡布的差距如果太大,須配合表布大小,剪掉裡布突出的部分。

鑲嵌口金(參照P.39),完成。

· ·

無側身
扁平形

Type C

表布及裡布各裁剪2片,縫合兩側及袋底,因為是無側身的扁平形口金包,所以只要直接鑲嵌口金即可。重點是止縫點要仔細縫合固定。

1 將表布2片、裡布2片燙貼布襯後裁剪好。縫線及摺線省略不畫也OK。畫上止縫點及中心線。

2 將表布2片、裡布2片分別正面相對合印後,縫合周圍。以縫紉機的壓布腳為基準,表布的縫目稍微靠外側一點,裡布稍微靠裡側一點。兩側的止縫點都要好好地縫合固定。

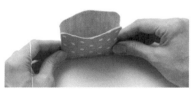

3 縫份處理好(參照P.38)後,將表袋翻回正面,裡面放入裡袋,在袋口周圍塗抹白膠貼合。兩側的縫線合印,從側身開始貼合。

4 將裡袋從上到袋底都確實疊入表袋中,中央部分也貼合。

鑲嵌口金(參照P.39),完成。

卡片包×3

布的二三事 縱長：布料圖案隱隱散發日式風格，墜飾的款式也一樣。橫長：布料原是並列直徑8cm大小圓點的的印花布，截取紅及黑圓點相鄰的部分使用。L形：裡布使用11號帆布，所以不必貼襯布，若使用薄布則需貼襯。

卡片包（縱長）

Photo P.4
Pattern P.69　No.1

尺寸　W7.6×H10.5cm

材料
表布（印花棉布）：10×22cm
裡布（素色麻布）：10×22cm
布襯（表布・裡布用）：19×22cm
口金：寬7.6×3.8cm（F18・N／℧）
墜飾：參照圖片

步驟
參照基本作法　Type C（P.41）。

作法重點
袋底摺雙後裁剪好，兩側縫合至止縫點。

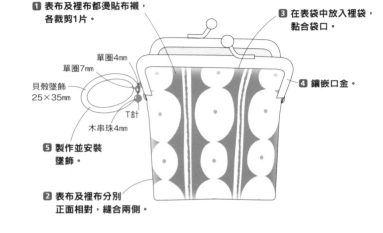

1 表布及裡布都燙貼布襯，各裁剪1片。

3 在表袋中放入裡袋，黏合袋口。

單圈4mm
單圈7mm
貝殼墜飾 25×35mm
T針
木串珠4mm

5 製作並安裝墜飾。

2 表布及裡布分別正面相對，縫合兩側。

4 鑲嵌口金。

卡片包（橫長）

Photo P.4
Pattern P.69　No.2

尺寸　W10.6×H7cm

材料
表布（圓點印花帆布）：13×15cm
裡布（素色麻布）：13×15cm
布襯（表布・裡布用）：25×15cm
口金：寬10.6×5.3cm（10.5cm角丸形棋子珠・N／℧）

步驟
參照基本作法　Type C（P.41）。

作法重點
袋底摺雙後裁剪好，兩側縫合至止縫點。

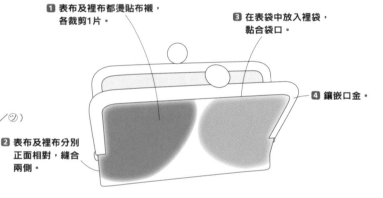

1 表布及裡布都燙貼布襯，各裁剪1片。

3 在表袋中放入裡袋，黏合袋口。

2 表布及裡布分別正面相對，縫合兩側。

4 鑲嵌口金。

卡片包（L形）

Photo P.4
Pattern P.69　No.3

尺寸　W7×H10.5cm

材料
表布（Liberty印花布）：16×12cm
裡布（11號帆布）：16×12cm
布襯（表布用）：16×12cm
口金：寬6×10.5cm（10.5cmL形卡片包・N／℧）

步驟
參照基本作法　Type B+C（P.41）。

作法重點
表布及裡布分別正面相對，只有L形的下邊縫合至邊端，打開縫份。分別翻摺表布及裡布上、下端的摺份，重疊貼合。

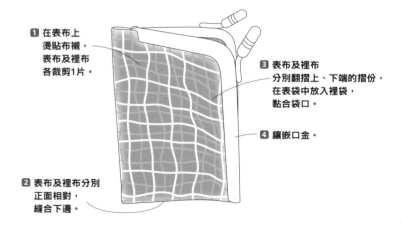

1 在表布上燙貼布襯，表布及裡布各裁剪1片。

3 表布及裡布分別翻摺上、下端的摺份，在表袋中放入裡袋，黏合袋口。

2 表布及裡布分別正面相對，縫合下邊。

4 鑲嵌口金。

筆袋×2

布的二三事　縱長：運用紅×黑×淡棕色的彩色條紋布，讓條紋呈縱向的設計。圖案不規律排列的條紋布，如何剪取布塊，是非常迷人的地方。相關的詳細說明請參照P.17。橫長：真絲的博多古典六寸腰帶。編織有模擬藤花，名為「獨鈷藤」的花樣。博多的腰帶布大多有明顯的橫畝條紋，若不以此方向製作，袋底無法呈現漂亮的圓弧感。

1　口金筆袋（縱長）

Photo P.5　Pattern P.69　No.4

尺寸　W6×H18cm

材料
表布（棉麻斜紋印花布）：8×37cm
裡布（素色麻布）：8×37cm
布襯（表布・裡布用）：16×37cm
口金：寬6×4.5cm（F17・N／☺）
墜飾：參照圖片

步驟
參照基本作法　Type C（P.41）。

作法重點
接合袋底時，加1cm縫份後再裁剪，縫合後打開縫份。

① 表布及裡布都燙貼布襯，各裁剪1片

③ 在表袋中放入裡袋，黏合袋口。

④ 鑲嵌口金。

單圈6mm
木串珠6mm
T針
9針
墜飾25mm

⑤ 製作並安裝墜飾。

② 表布及裡布分別正面相對，縫合兩側。

口金筆袋（橫長）

Photo P.5　Pattern P.69　No.5

尺寸　W18×H7cm

材料
表布（博多腰帶的零頭布）：20×15cm
裡布（條紋印花棉布）：20×15cm
布襯（表布・裡布用）：20×30cm
口金：寬18×4.5cm（F25・N／☺）

步驟
參照基本作法　Type C（P.41）。

作法重點
腰帶布較難縱向摺疊，所以，兩側開口止點上方的摺份，最好事先以骨筆等按壓出摺痕。

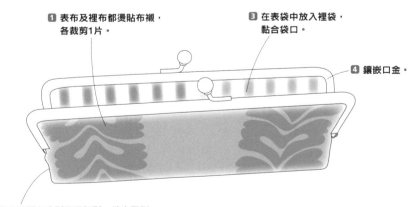

① 表布及裡布都燙貼布襯，各裁剪1片。

③ 在表袋中放入裡袋，黏合袋口。

④ 鑲嵌口金。

② 表布及裡布分別正面相對，縫合兩側。

存摺包

Photo P.6　Pattern P.70 No.6

尺寸　W18.2×H9.5cm

材料
外布（印花棉布）：20×20cm
內布（印花棉布）：20×20cm
口袋布（印花棉布）：20×29cm
布襯（外布・內布・口袋布用）：40×34cm
口金：寬18.2×8.8cm（18cm角丸形深足・ATS／②）
墜飾：參照圖片

步驟
參照基本作法　Type B（P.41）。

作法重點
在內布上放上口袋布，縫合隔間時，也可以
從距離嵌入口金的邊端0.2cm處，以縫紉機
車縫一圈。

布的二三事

這款限量印花布，稍微錯版設計的花樣，顯
得很可愛。請享受組合外布、內布及口袋布
三款花布的樂趣。大致上，這是及金錢相關
的用品，所以我嘗試使用帶有黃色的布料。

● 口袋的作法

①口袋表布及裡布正面相對組合後縫合。

表布
（正面）

裡布（背面）

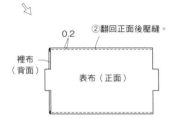

②翻回正面後壓縫。

0.2

裡布
（背面）

表布（正面）

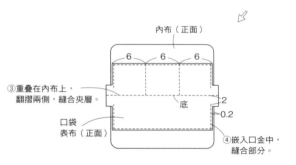

內布（正面）

6　　6　　6

③重疊在內布上，
翻摺兩側，縫合夾層。

底

2

0.2

口袋
表布（正面）

④嵌入口金中，
縫合部分。

1 在外布、內布及口袋布上燙貼布襯，
外布、內布、口袋表布及
口袋裡布各裁剪1片

2 製作口袋（參照上圖）。

3 外布、內布分別翻摺
兩側摺份後貼合，
黏合外布及內布的周圍。

4 鑲嵌口金。

5 製作並
安裝墜飾。

單圈7mm

9針

塑膠串珠9mm

T針

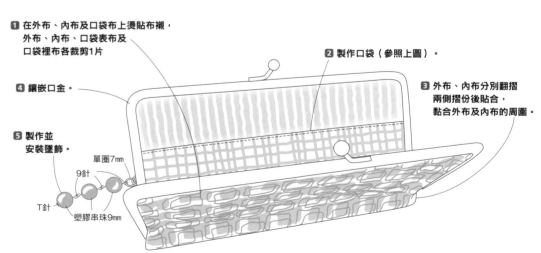

筆記封套

Photo P.7　Pattern P.70　No.7

尺寸　W18.2×H9.5cm

材料
外布（布巾）：20×20cm
內布（條紋印花棉布）：20×36cm
布襯（外布・內布用）：40×28cm
口金：寬18.2×8.8cm（18cm角丸形深足・N／ツ）
墜飾：參照圖片

步驟
參照基本作法　Type B（P.41）。

作法重點
在整片貼邊布上燙貼布襯，在中央背面相
對，製作2組，放在內布的左右。在貼邊布
的外圍，距邊端0.2cm處以縫紉機車縫。

● **貼邊的作法**

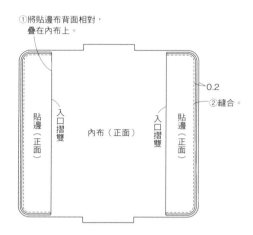

①將貼邊布背面相對，
　疊在內布上。

0.2

②縫合。

貼邊（正面）　入口摺雙　內布（正面）　入口摺雙　貼邊（正面）

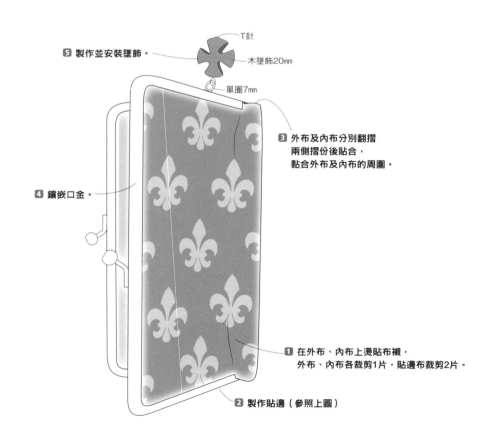

T針

5 製作並安裝墜飾。

木墜飾20mm

單圈7mm

3 外布及內布分別翻摺
　兩側摺份後貼合，
　黏合外布及內布的周圍。

4 鑲嵌口金。

1 在外布、內布上燙貼布襯，
　外布、內布各裁剪1片，貼邊布裁剪2片。

2 製作貼邊（參照上圖）

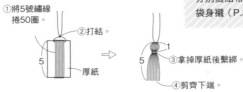

8寸扇袋

Photo P.8　Pattern P.70　No.8

尺寸　W24.1×H4.7cm

材料
表布（印花麻布）：26×10cm
裡布（印花棉布）：26×10cm
布襯（表布・裡布用）：26×20cm
口金：寬24.1×H4.4cm（24cm長扇袋・B/⑨）
墜飾：參照圖片

步驟
參照基本作法　Type B（P.41）。

作法重點
表布及裡布貼合時，袋底一邊彎成圓弧形，
一邊貼合，剪掉突出的裡布。

● 流蘇的作法

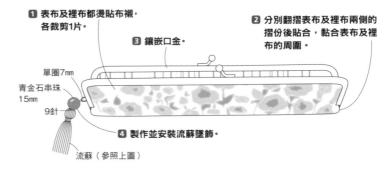

①將5號繡線
捲50圈。
②打結。
③拿掉厚紙後繫綁。
④剪齊下端。
厚紙

1 表布及裡布都燙貼布襯，
各裁剪1片。

3 鑲嵌口金。

2 分別翻摺表布及裡布兩側的
摺份後貼合，黏合表布及裡
布的周圍。

單圈7mm
青金石串珠
15mm
9針

4 製作並安裝流蘇墜飾。

流蘇（參照上圖）

A5 & A4文件包

【A5】
Photo P.9　Pattern P.70　No.9

尺寸　W24.1×H17.5cm

材料
表布（8號帆布）：26×38cm
裡布（印花棉布）：26×38cm
布襯（裡布用）：26×38cm
口金：寬24.1×H4.4cm（24cm長扇袋・N/⑨）
墜飾：參照圖片

【A4】
Photo P.9　Pattern P.70　No.10

尺寸　W24.2×H34cm

材料
表布（格紋厚平紋棉布）：26×70cm
裡布（印花棉布）：26×70cm
布襯（裡布用）：26×70cm
口金：寬24.1×H4.4cm（長扇袋・N/⑨）
墜飾：參照圖片

步驟
參照基本作法　Type C（P.41）。

作法重點
兩者表布均為厚布，所以不燙貼布襯。

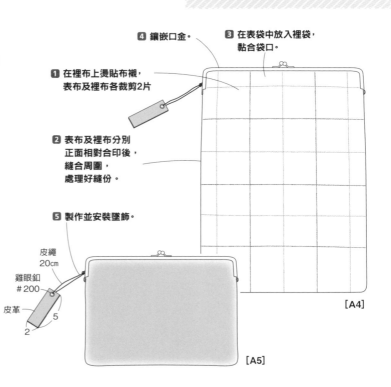

4 鑲嵌口金。

3 在表袋中放入裡袋，
黏合袋口。

1 在裡布上燙貼布襯，
表布及裡布各裁剪2片。

2 表布及裡布分別
正面相對合印後，
縫合周圍，
處理好縫份。

5 製作並安裝墜飾。

皮繩
20cm
雞眼釦
#200
皮革
2
5

[A4]

[A5]

護照包

Photo P.10 Pattern P.71 No.11

尺寸　W10.6×H14cm

材料
表布（印花棉布）：13×40cm
裡布（水手布（Chambray））：13×40cm
布襯（表布・裡布・口袋布用）：25×40cm
附問號勾蠟繩（長70至130cm可調節）：1條
單圈：直徑7mm 2個
口金：寬10.6×5.3cm（F27・ATS／☺）

步驟
參照基本作法　Type C（P.41）。

作法重點
在表前側布上放上口袋，以縫紉機從距離邊
端0.2cm處車縫時，讓重疊的口袋保留若干
寬鬆餘份。如此一來倒針縫時口袋不會被勒
緊，才能完成美觀的作品。

● **口袋的作法**

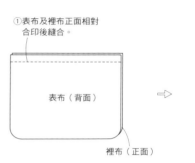

①表布及裡布正面相對
合印後縫合。

表布（背面）

裡布（正面）

⇒

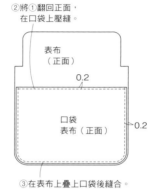

②將①翻回正面，
在口袋上壓縫。

表布
（正面）

0.2

口袋
表布（正面）

0.2

③在表布上疊上口袋後縫合。

1 表布及裡布都燙貼布襯，
表布及裡布各裁剪2片，
口袋表布及裡布各裁剪1片。

2 製作口袋（參照上圖）

3 表布及裡布分別
正面相對合印，
縫合周圍，
處理好縫份。

6 安裝背繩。

單圈

4 在表袋中放入裡袋，
黏合袋口。

5 鑲嵌口金。

飾品包

Photo P.11　Pattern P.71　No.12

尺寸　W10×H21.5cm

材料
外布・口袋布（緹花棉布織）：21×39cm
內布（印度絲）：21×23cm
布襯（外布・內布・口袋布用）：21×62cm
皮革（1.2mm厚的光面皮）：15×15cm
彈簧壓釦：直徑9mm共4組
口金：寬21.5×9.5cm（N／ク）
流蘇墜飾：參照圖片

步驟
參照基本作法　Type B（P.41）。

作法重點
先裁剪皮革配件，打洞後，安裝四合釦。在整片口袋布上貼襯，背面相對。在內布上放上口袋及皮革配件，從距離邊端0.2cm處，以縫紉機車縫。鑲嵌口金時，口袋及皮革配件部分的紙繩要調整得細一點。

這件作品的表布及口袋布都採用緹花棉布，內布搭配桃紅色的印度絲布。掛環部分使用無染色的光面皮。雖然並無根據，不過我覺得較適合使用有保護飾品作用的布料及皮革等天然素材。

● 皮革配件的作法

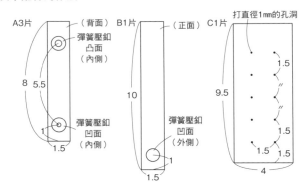

● 內布的作法

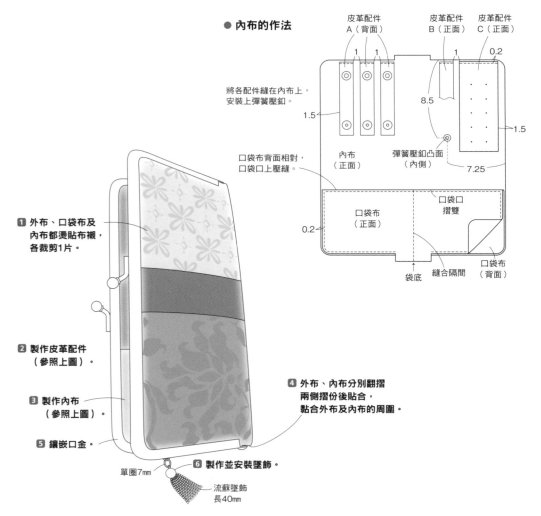

1 外布、口袋布及內布都燙貼布襯，各裁剪1片。

2 製作皮革配件（參照上圖）。

3 製作內布（參照上圖）。

4 外布、內布分別翻摺兩側摺份後貼合，黏合外布及內布的周圍。

5 鑲嵌口金。

6 製作並安裝墜飾。

單圈7mm

流蘇墜飾長40mm

面紙包

Photo P.12　Pattern P.71　No.13

尺寸　W12×H10cm

材料
表布（Liberty印花布）：14×25cm
裡布（多臂（Dobby）條紋棉布）：28×25cm
布襯（表布用）：14×25cm
口金：寬12×5.4cm（F23・N／㋡）

步驟
參照基本作法　Type C（P.41）。

作法重點
只有表布燙貼布襯，裡布不貼。A、B分別表布
及裡布正面相對合印後，縫合袋口，翻回正面
後壓縫。在B上及A重疊1cm，縫合兩側後，從
袋底正面相對對摺，縫合至止縫點。

這個口金包不加側身，以口金的裡及外部作
為收納部分，所以表布及裡布適合用薄布。
在Liberty上燙貼黏膠不會影響正面的薄布
襯。裡布我選用不必貼襯，織紋細密的襯衫
棉布。

布的二三事

● **表側布的作法**

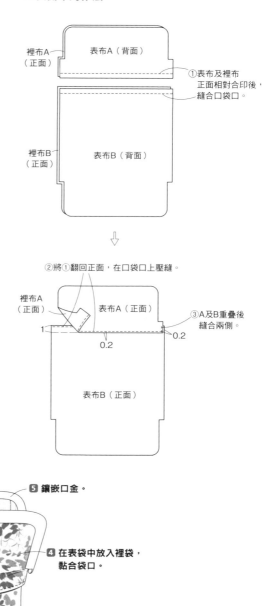

①表布及裡布
正面相對合印後，
縫合口袋口。

裡布A（正面）
表布A（背面）

裡布B（正面）
表布B（背面）

②將①翻回正面，在口袋口上壓縫。

裡布A（正面）
表布A（正面）
1
0.2
0.2
表布B（正面）

③A及B重疊後
縫合兩側。

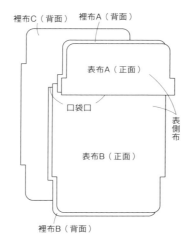

裡布C（背面）　裡布A（背面）
表布A（正面）
口袋口
表側布
表布B（正面）
裡布B（背面）

1 在表布上燙貼布襯，
表側布（表布A、裡布A、表布B、裡布B）
及裡布C各裁剪1片。

2 製作表側布（A＋B）
（參照上圖）

3 表側布及裡布C
分別正面相對，
縫合兩側，
處理好縫份。

5 鑲嵌口金。

4 在表袋中放入裡袋，
黏合袋口。

49

摺鏡包

Photo P.13　Pattern P.72　No.14

尺寸　W9.5×H12cm

材料
外布（印花棉布）：12×26cm
內布（印花棉布）：22×37cm
布襯（外布・內布用）：34×37cm
厚紙：8×11.5cm共3片
口金：寬9.5×11.5cm（#1122・N／⑦）
　　　※含鏡子8×11cm
墜飾：參照圖片

步驟
參照基本作法　Type B（P.41）。

作法重點
將厚紙的2個邊角剪圓，外布及內布之間夾入2片厚紙。另一片黏貼在鏡子布的單側。鏡子布的另一側裁剪鏤空，摺出鏡框，黏上鏡子。口袋全燙貼布襯後，背面相對。貼合內布及外布時，先組合摺份部分，在內側一邊摺出摺痕，一邊黏貼，再剪掉突出的內布。

● **內布的裁法**

口袋布
鏡子布
拉環
內布
37
22
3
4

● **外布、內布的作法**

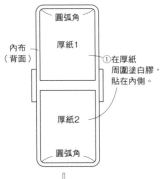

圓弧角
內布（背面）
厚紙1
①在厚紙周圍塗白膠，貼在內側。
厚紙2
圓弧角

內布（背面）
外布（正面）
②外布、內布都翻摺摺份後貼合。
③外布及內布背面相對貼合。

● **鏡子布的作法**

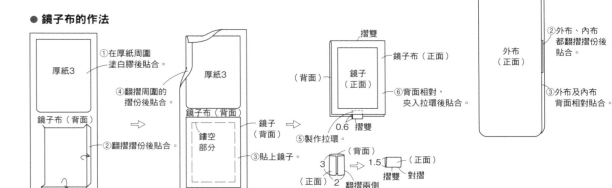

厚紙3
①在厚紙周圍塗白膠後貼合。
鏡子布（背面）
②翻摺摺份後貼合。

④翻摺周圍的摺份後貼合。
厚紙3
鏡子布（背面）
鏤空部分
鏡子（背面）
③貼上鏡子

摺雙
鏡子（正面）
（背面）
鏡子布（正面）
⑥背面相對，夾入拉環後貼合。
0.6　摺雙
⑤製作拉環
（背面）
3
（正面）　2　翻摺兩側
1.5　（正面）
摺雙　對摺

● **布的重疊法**

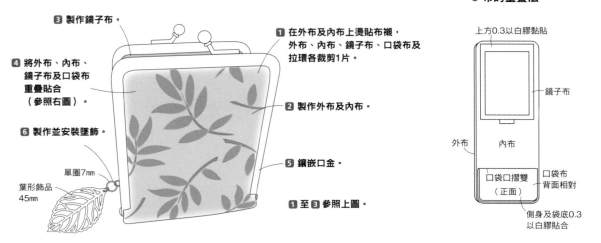

❸ 製作鏡子布。

❹ 將外布、內布、鏡子布及口袋布重疊貼合（參照右圖）。

❻ 製作並安裝墜飾。

單圈7mm
葉形飾品45mm

❶ 在外布及內布上燙貼布襯，外布、內布、鏡子布、口袋布及拉環各裁剪1片。

❷ 製作外布及內布。

❺ 鑲嵌口金。

❶ 至 ❸ 參照上圖。

上方0.3以白膠黏貼
鏡子布
外布
內布
口袋口摺雙
口袋布背面相對（正面）
口袋布背面相對
側身及袋底0.3以白膠貼合

布的二三事　15：配合印花布的色調，我製作三色毛線絨球作為墜飾。　16：大圖樣截取哪個部分是個大問題，也是令人開心及感到煩惱之處。　17：我隨意命名為「超新星爆發」的印花布。五角形的罕見形狀，還加上金屬的墜飾。

Photo P.14
Pattern P.73　No.15

尺寸　W7.5×H7cm

材料
表布（印花棉布）：10×15cm
裡布（素色麻布）：10×15cm
布襯（表布・裡布用）：19×15cm
口金：寬7.5×3.5cm（CH-110・B／夕）
墜飾：參照圖片

步驟
參照基本作法　Type C（P.41）。

作法重點
袋底摺雙後裁剪好，兩側縫合至止縫點。

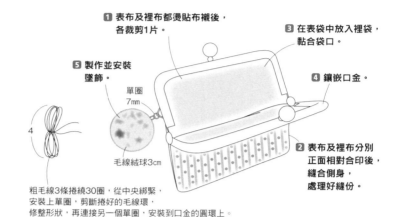

1 表布及裡布都燙貼布襯後，各裁剪1片。

3 在表袋中放入裡袋，黏合袋口。

4 鑲嵌口金。

5 製作並安裝墜飾。

單圈7mm

4

毛線絨球3cm

粗毛線3條捲繞30圈，從中央綁緊，安裝上單圈，剪斷捲好的毛線環，修整形狀，再連接另一個單圈，安裝到口金的圓環上。

2 表布及裡布分別正面相對合印後，縫合側身，處理好縫份。

Photo P.14
Pattern P.73　No.16

尺寸　W8.2×H6.5cm

材料
表布（印花棉麻布）：10×15cm
裡布（素色麻布）：10×15cm
布襯（表布・裡布用）：20×15cm
口金：寬8.2×4.7cm（F6・N／⊙）
墜飾：參照圖片

步驟
參照基本作法　Type C（P.41）。

作法重點
底的圓弧部分，在縫份上剪細牙口後打開。

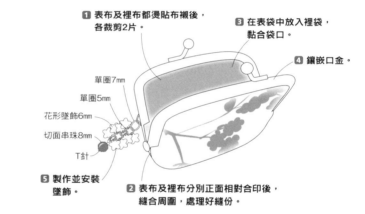

1 表布及裡布都燙貼布襯後，各裁剪2片。

3 在表袋中放入裡袋，黏合袋口。

4 鑲嵌口金。

單圈7mm
單圈5mm
花形墜飾6mm
切面串珠8mm
T針

5 製作並安裝墜飾。

2 表布及裡布分別正面相對合印後，縫合周圍，處理好縫份。

Photo P.14
Pattern P.73　No.17

尺寸　W7.5×H7.5cm

材料
表布（印花棉布）：12×18cm
裡布（水手布）：12×18cm
布襯（表布・裡布用）：24×18cm
口金：寬5.5×3cm（CH-111・BN／夕）
墜飾：參照圖片

步驟
參照基本作法　Type A（P.38）。

作法重點
在邊角處，將打開的縫份好好摺疊，翻回正面後，以錐子修整外形。

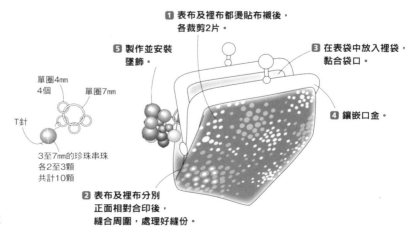

1 表布及裡布都燙貼布襯後，各裁剪2片。

5 製作並安裝墜飾。

3 在表袋中放入裡袋，黏合袋口。

4 鑲嵌口金。

單圈4mm
4個
單圈7mm
T針

3至7mm的珍珠串珠各2至3顆共計10顆

2 表布及裡布分別正面相對合印後，縫合周圍，處理好縫份。

迷你口金包×10

布的二三事

18：採用「球棒珠」珠頭的口金，自行車圖樣的印花布，以及樂福鞋（Penny loafers）花樣的墜飾，讓人不禁連想到此包的主題莫非是中學生？

19：格紋布取正斜紋裁剪運用，我在P.17中將細說布料的截取與裁剪。

● 壓褶的作法

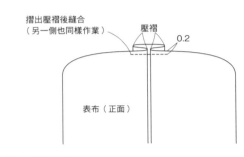

Photo P.14
Pattern P.73 No.18

尺寸　W9×H6.5cm

材料
表布（印花棉布）：14×15cm
裡布（水手布）：14×15cm
布襯（表布・裡布用）：28×15cm
口金：寬9×6.1cm（9cm角丸形球棒珠・N／☺）
墜飾：參照圖片

步驟
參照基本作法　Type B（P.41）。

作法重點
重疊表布及裡布，黏合外周後，在中央摺出壓褶。

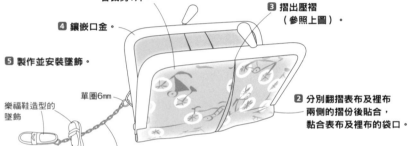

摺出壓褶後縫合
（另一側也同樣作業）　　壓褶　　0.2

表布（正面）

❶ 表布及裡布都燙貼布襯後，
各裁剪1片。

❸ 摺出壓褶
（參照上圖）。

❹ 鑲嵌口金。

❺ 製作並安裝墜飾。

❷ 分別翻摺表布及裡布
兩側的摺份後貼合，
黏合表布及裡布的袋口。

單圈6mm

樂福鞋造型的
墜飾

單圈4mm

鍊條7cm

Photo P.14
Pattern P.73 No.19

尺寸　W10×H7cm

材料
表布（印花棉布）：12×16cm
裡布（水手布）：12×16cm
布襯（表布・裡布用）：24×16cm
口金：寬9.9×5.7cm
　　　（9.9cm梳型11mm逆珠・N／☺）

步驟
參照基本作法　Type C（P.41）。

作法重點
摺細褶時，調緊上線，以縫紉機以粗針目車縫，拉緊上線讓布料緊縮。縮至指定的長度後，兩端分別將上線及下線打結固定。鑲嵌口金時，利以錐子輔助，將布邊好好地嵌入口金裡，再調整皺褶。

● 細褶的作法

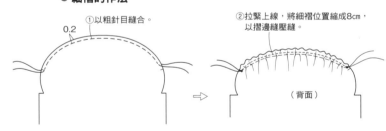

①以粗針目縫合。
0.2

②拉緊上線，將細褶位置縮成8cm，
以摺邊縫壓縫。

（背面）

❶ 表布及裡布都燙貼布襯後，
各裁剪1片。

❷ 表布及裡布分別在
袋口作細褶（參照上圖），
正面相對合印後，縫合側身，
處理好縫份。

❸ 在表袋中放入裡袋，
黏合袋口。

❹ 鑲嵌口金。

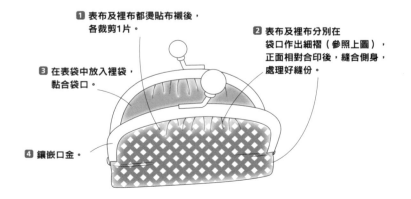

迷你口金包 ×10

布的二三事　20：安全別針圖樣的印花布上，我用心搭配上深圓弧的口金。墜飾是我偶然找到的配件。　21：這件作品我選用薄布。受口金珠頭形狀的影響，我選擇類似圖樣的印花布。　22：為搭配鈕釦圖樣布，我選擇這款墜飾。

Photo P.15
Pattern P.73　No.20

尺寸　W7.5×H8cm

材料
表布（印花棉布）：18×9cm
裡布（彩色平紋棉布）：18×9cm
布襯（表布・裡布用）：18×18cm
口金：寬7.5×5.5cm（N／⑦）
墜飾：參照圖片

步驟
參照基本作法　Type C（P.41）。

作法重點
袋底整體都呈圓弧形，所以在縫份上切牙口後打開。

1 表布及裡布都燙貼布襯，各裁剪2片。

3 在表袋中放入裡袋，黏合袋口。

單圈7mm

5 製作並安裝墜飾。

安全別針造型墜飾4.8cm

2 表布及裡布分別正面相對合印後，縫合周圍，處理好縫份。

4 鑲嵌口金。

Photo P.15
Pattern P.74　No.21

尺寸　W6.5×H6.5cm

材料
表布（印花棉布）：17×16cm
裡布（彩色平紋棉布）：17×16cm
口金：寬4.8×4cm（4.8cm梳型 套珠 石紋・N／⑨）
墜飾：參照圖片

步驟
參照基本作法　Type B（P.41）。

作法重點
為摺出許多細褶，表布及裡布都不燙貼布襯，以細紙繩即可。

1 表布及裡布各裁剪1片。

3 鑲嵌口金。

珠鍊8cm

透明壓克力墜飾15mm

4 製作並安裝墜飾。

2 表布及裡布分別在袋口作細褶（參照右圖）後，翻摺摺份後貼合，黏合表布及裡布的周圍。

● **細褶的摺法**

請參照No.19（P.52）將摺細褶部分縮成7.5cm

Photo P.15
Pattern P.74　No.22

尺寸　W10×H8cm

材料
表布（印花棉布）：26×10cm
裡布（素色麻布）：26×10cm
布襯（表布・裡布用）：26×20cm
口金：寬7.5×4cm（F5・DB／⑨）
墜飾：參照圖片

步驟
參照基本作法　Type A（P.38）。

作法重點
尖褶是表布朝上倒，裡布朝下倒，以分散厚度。

1 表布及裡布都燙貼布襯，各裁剪2片。

4 鑲嵌口金。

不著痕跡縫合固定

4孔鈕釦15mm

5 製作並安裝墜飾。

緞帶寬3mm×20cm

2 表布及裡布分別縫尖褶後，正面相對合印縫合周圍，處理好縫份。

3 在表袋中放入裡袋，黏合袋口。

● **尖褶的倒向**

表布　裡布

（背面）（背面）

向上倒　向下倒

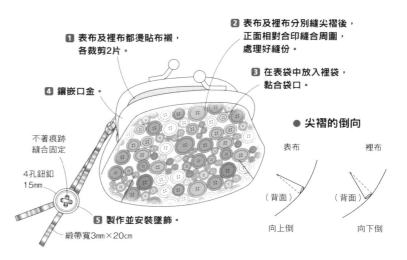

迷你口金包×10

布的二三事　23：扭開「甜甜圈珠」造型的珠頭，表布及裡布都使用甜甜圈般花樣的印花布。墜飾也用圓形串珠。　24：為搭配金黃色雪結晶圖樣的印花布，我還找了雪結晶花樣配件作為墜飾用。

Photo P.15
Pattern P.74　No.23

尺寸　W8.5×H8.5cm

材料
表布（印花棉布）：20×10cm
裡布（印花棉布）：20×10cm
布襯（表布・裡布用）：20×20cm
口金：寬8.1×4.6cm
　　　（8.1cm梳型 石紋甜甜圈珠・N／⑫）
墜飾：參照圖片

步驟
參照基本作法　Type C（P.41）。

作法重點
袋底整體部分都呈圓弧形，所以在縫份上剪牙口後打開。

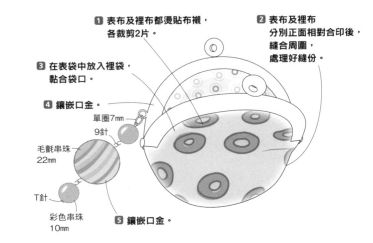

1 表布及裡布都燙貼布襯，各裁剪2片。

2 表布及裡布分別正面相對合印後，縫合周圍，處理好縫份。

3 在表袋中放入裡袋，黏合袋口。

4 鑲嵌口金。

單圈7mm
9針
毛氈串珠 22mm
T針
彩色串珠 10mm

5 鑲嵌口金。

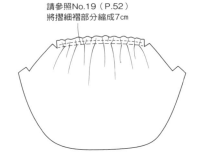

Photo P.15
Pattern P.74　No.24

尺寸　W11×H8cm

材料
表布（印花棉布）：20×21cm
裡布（青銅色素色麻布）：20×21cm
布襯（表布・裡布用）：40×21cm
口金：寬7.5×3.5cm（CH-110・BN／⑳）
墜飾：參照圖片

步驟
參照基本作法　Type A（P.38）。

作法重點
細褶的摺法請參照No.19（P.52）。

● **細褶的摺法**

請參照No.19（P.52）
將摺細褶部分縮成7cm

1 表布及裡布都燙貼布襯，各裁剪2片。

2 表布及裡布分別在袋口摺細褶（參照上圖），正面相對合印後，縫合周圍，處理好縫份。

4 鑲嵌口金。

單圈7mm
鍊條8cm

3 在表袋中放入裡袋，黏合袋口。

雪結晶造型墜飾15mm
單圈4mm

5 鑲嵌口金。

心形毛皮肩包

Photo P.18　Pattern P.74　No.25

尺寸　W17.5×H18cm

材料
表布（仿毛布）：40×19cm
裡布（斜紋印花棉布）：40×19cm
布襯（表布・裡布用）：40×38cm
鍊條：長45cm
彈簧鉤：長20mm共2個
單圈：直徑7mm共4個
口金：寬17.5×5.5cm（18cm雙山附環・ATS／②）

步驟
參照基本作法　Type C（P.41）。

作法重點
裁剪仿毛布時請注意毛順方向。利用剪刀尖端只裁剪底布，而不要剪到毛。正面相對縫合時，如同將毛尖縫入裡面般縫合，翻回正面後，再以錐子挑出夾住的毛。疊入裡袋後，從距離袋口邊端0.2cm處，以縫紉機車縫，較容易嵌入口金中。

布的二三事

在仿毛布中，這算是較長毛的。若不是長毛布，心形的輪廓說不定更明顯。以棉質天鵝絨布或羊毛布等製作，我覺得也很可愛。

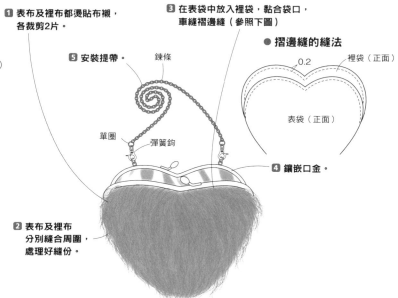

1 表布及裡布都燙貼布襯，各裁剪2片。

5 安裝提帶。　鍊條

3 在表袋中放入裡袋，黏合袋口，車縫摺邊縫（參照下圖）

● **摺邊縫的縫法**
0.2　裡袋（正面）
表袋（正面）

單圈　彈簧鉤

4 鑲嵌口金。

2 表布及裡布分別縫合周圍，處理好縫份。

接續毛皮晚宴包（P.56）

● **口袋的作法**

（背面）

20

①在單面黏貼布襯（縫份上不貼）。

9

12

1

14

口袋口摺雙

②正面相對，保留返口不縫。

1　（背面）

（正面）

返口6

③翻回正面，在裡布上縫合。

9

口袋（正面）

12

2

裡布（正面）

毛皮晚宴包

Photo P.19　Pattern P.75　No.26

尺寸　W27.5×H13.4×D3cm

材料
表布（仿毛布）：64×17cm
裡布（素色麻布）：64×17cm
口袋布（印度絲）：14×20cm
布襯（表布・裡布・口袋布用）：64×43cm
口金：寬21.5×9.5cm（AG／⑦）
墜飾：參照圖片

步驟
參照基本作法　Type A（P.38）。

作法重點
內口袋的布襯不含縫份，只在單面燙貼。仿
毛布注意毛順方向裁剪。正面相對縫合時，
如同將毛尖縫入裡面般縫合，翻回正面後，
再以錐子挑出夾住的毛
疊入裡袋後，從距離袋口邊端0.2cm處，以
縫紉機車縫，較容易嵌入口金中。

● **袋底的作法**

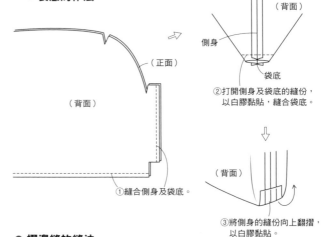

（正面）

（背面）

①縫合側身及袋底。

（背面）

側身

袋底

②打開側身及袋底的縫份，
以白膠黏貼，縫合袋底。

（背面）

③將側身的縫份向上翻摺，
以白膠黏貼。

● **摺邊縫的縫法**

0.2

裡袋（正面）

表袋（正面）

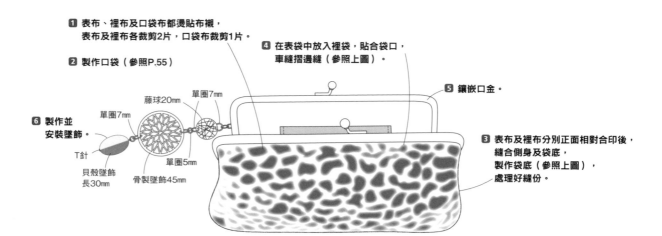

1 表布、裡布及口袋布都燙貼布襯，
表布及裡布各裁剪2片，口袋布裁剪1片。

2 製作口袋（參照P.55）

6 製作並
安裝墜飾。

單圈7mm

藤球20mm

單圈7mm

單圈5mm

骨製墜飾45mm

T針

貝殼墜飾
長30mm

4 在表袋中放入裡袋，貼合袋口，
車縫摺邊縫（參照上圖）。

5 鑲嵌口金。

3 表布及裡布分別正面相對合印後，
縫合側身及袋底，
製作袋底（參照上圖），
處理好縫份。

防水隨身包×2

Photo P.20　Pattern P.75　No.27

尺寸　W21×H12.5×D6cm

材料
表布（圓點印花防水布　a：綠、b：褐）：各25×32cm
口金：寬16.5×5cm（a：AG、b：AS／⑦）各1個

步驟
參照基本作法　Type A（P.38）。

作法重點
裁邊不會綻線的防水布，也可以不加裡布只
以一層布縫製。a及b為相同的紙型，只是改
變側身的摺疊法。因此容量也一樣。b裡面
沒放東西時可以摺扁。
在口金的溝槽塗白膠鑲嵌時，防水布往往會
在中途沾黏，這時可以錐子引導，讓防水布
深入溝槽裡。

● **側身的摺疊法**

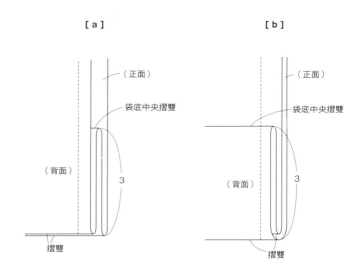

[a]

1 裁剪1片表布。

3 鑲嵌口金。

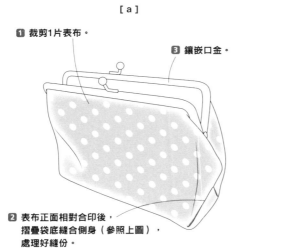

2 表布正面相對合印後，
摺疊袋底縫合側身（參照上圖），
處理好縫份。

[b]

1 裁剪1片表布。

3 鑲嵌口金。

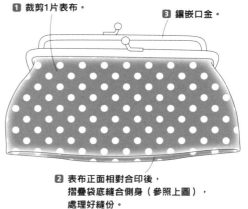

2 表布正面相對合印後，
摺疊袋底縫合側身（參照上圖），
處理好縫份。

防水保特瓶袋

Photo P.21　Pattern P.75　No.28

尺寸　W12×H20.5×D8cm

材料
表布（格紋防水布）：34×40cm
裡布（保冷布）：30×30cm
彈簧鉤：長35mm共2個
單圈：直徑7mm共2個
雙面鉚釘：直徑5mm共2組
口金：寬10.1×5.7cm（F11・N／☺）

步驟
參照基本作法　Type A（P.38）。

作法重點
袋身2片正面相對合印後，縫合兩側，打開
側身的縫份。縫合袋身及袋底時，在袋身側
的縫份上等間隔剪牙口，將兩側、前後中心
及其間的記號合印。裡布也同樣縫合，疊入
其中，從距離袋口邊端0.2cm處車縫，就容
易鑲嵌口金。

● 提帶的作法

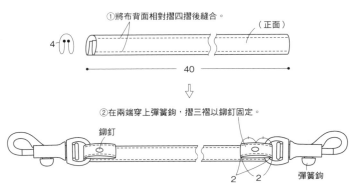

①將布背面相對摺四摺後縫合。

（正面）

4

40

②在兩端穿上彈簧鉤，摺三褶以鉚釘固定。

鉚釘

2　2

彈簧鉤

● 袋底的縫法

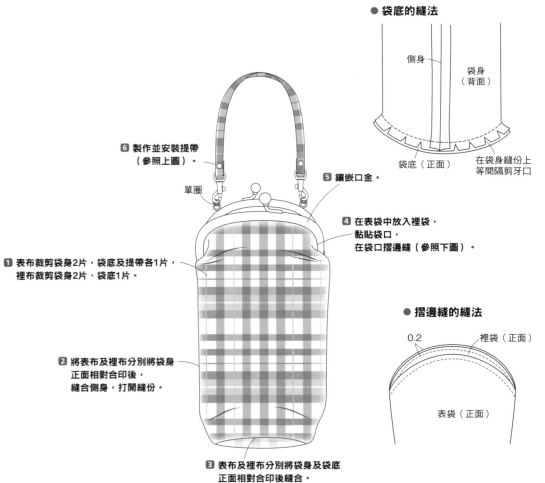

側身

袋身（背面）

袋底（正面）

在袋身縫份上
等間隔剪牙口

6 製作並安裝提帶
（參照上圖）。

單圈

5 鑲嵌口金。

4 在表袋中放入裡袋，
黏貼袋口，
在袋口摺邊縫（參照下圖）。

1 表布裁剪袋身2片，袋底及提帶各1片，
裡布裁剪袋身2片、袋底1片。

2 將表布及裡布分別將袋身
正面相對合印後，
縫合側身，打開縫份。

3 表布及裡布分別將袋身及袋底
正面相對合印後縫合。

● 摺邊縫的縫法

0.2

裡袋（正面）

表袋（正面）

壓縫布眼鏡包

Photo P.22　Pattern P.75　No.29

尺寸　W20×H8×D3cm

材料
表布（印花棉布）：26×21cm
底布（薄平紋棉布）：26×21cm
棉襯：26×21cm
裡布（絲光卡其布）：26×21cm
布襯（裡布用）：26×21cm
口金：寬17.5×5.5cm（F33・N／ⓣ）

步驟
參照基本作法　Type A（P.38）。

作法重點
將印花棉布、棉襯及底布重疊，以縫紉機作格子狀壓縫後，放置紙型後裁剪好。為避免縫線綻線，裁剪後立刻塗上白膠固定，在外圍車縫摺邊縫一圈。打開側身的縫份，袋底的縫份向上倒，以白膠固定。

布的二三事

你或許覺得很少有漂亮的壓縫布。而且壓縫布都較適合孩子使用。那麼，自己來壓縫吧！若在這樣規則的圖案上，作格子狀壓縫並沒有那麼難。

● **壓縫布的作法**

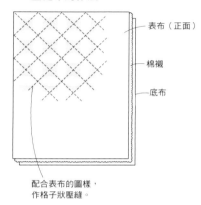

表布（正面）

棉襯

底布

配合表布的圖樣，
作格子狀壓縫。

● **側身的縫法**

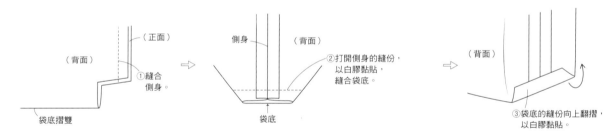

（背面）

（正面）

①縫合
側身。

袋底摺雙

側身

（背面）

袋底

②打開側身的縫份，
以白膠黏貼，
縫合袋底。

（背面）

③袋底的縫份向上翻摺，
以白膠黏貼。

1 將表布、棉襯及底布
重疊後壓縫（參照上圖），
在裡布上黏貼布襯。

2 表布及裡布
各裁剪1片

3 表布及裡布分別縫合兩側後，
縫合袋底（參照上圖），
處理好縫份。

4 在表袋中放入裡袋，
黏合袋口。

5 鑲嵌口金。

壓縫布相機包

Photo P.23　Pattern P.76　No.30

尺寸　W14×H10×D4cm

材料
表布（印花棉布）：24×24cm
底布（薄平紋棉布）：24×24cm
棉襯：24×24cm
裡布（印花棉布）：24×24cm
布襯（裡布用）：24×24cm
皮帶：0.9cm寬25cm長
彈簧鉤：長30mm共2個
單圈：直徑7mm共2個
雙面鉚釘：直徑5mm共2組
口金：寬12×5.4cm（F28・ATS／⊘）

步驟
參照基本作法　Type A（P.38）。

作法重點
將印花棉布、棉襯、底布重疊，以縫紉機作
格子狀壓縫，放上紙型後裁剪好。為避免縫
線綻線，剪裁後立刻塗上白膠固定，在外圍
車縫摺邊縫一圈。縫合袋身及袋底時，圓弧
部分在袋身側的縫份上剪牙口，將袋底中心
及記號處仔細合印。

> **布的二三事**
> 這件作品也與No.29（P.59）一樣自行壓
> 縫。以縫紉機均勻漂亮壓縫的訣竅是，針目
> 稍微粗一點，不要只朝同一方向車縫，而要
> 一邊以繞圈方式，一邊隨機車縫。裡布的圖
> 案也很搶眼呢！

● **袋身及側身的縫合法**

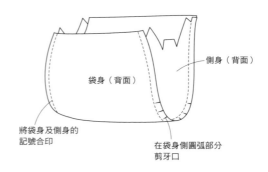

側身（背面）

袋身（背面）

將袋身及側身的
記號合印

在袋身側圓弧部分
剪牙口

● **提帶的作法**

②穿過彈簧鉤對摺，
以鉚釘固定。

皮帶（背面）

0.8
2

①打洞。

彈簧鉤

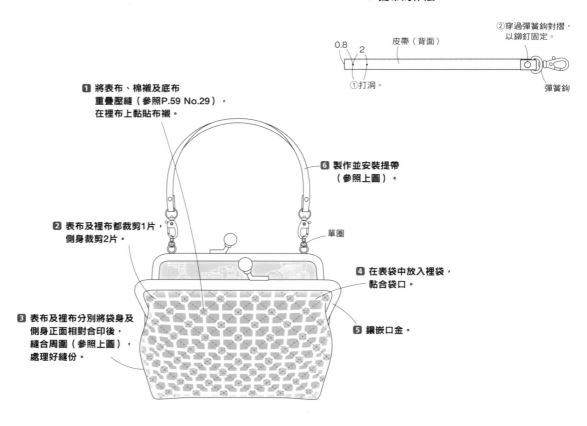

1 將表布、棉襯及底布
重疊壓縫（參照P.59 No.29），
在裡布上黏貼布襯。

6 製作並安裝提帶
（參照上圖）。

2 表布及裡布都裁剪1片，
側身裁剪2片。

單圈

3 表布及裡布分別將袋身及
側身正面相對合印後，
縫合周圍（參照上圖），
處理好縫份。

4 在表袋中放入裡袋，
黏合袋口。

5 鑲嵌口金。

皮製親子隨身包

Photo P.24　Pattern P.76　No.31

尺寸　W20×H13.5cm

材料
表革（0.8mm厚的牛皮革）：45×16cm
裡布（印花棉布）：30×30cm
布襯（裡布用）：30×30cm
口金：寬14.9×7cm（15cmGOLD 梳型13mm
　　　圓・G／⑨）、寬6.2×3.5cm（F3・G／⑨）
墜飾：參照圖片

步驟
參照基本作法　Type A（P.38）+C（P.41）。

作法重點
將表前袋身（大）的皮革上，安裝小袋的位置剪開。以直徑1mm的打洞器先打洞後，如連接小洞般剪U字形切口。
剪裁3片小的裡布。裡面A、B的2片，縫合兩個止縫點之間，製成袋形（裡袋）。裡袋A是表革及袋口部分背面相對貼合，在B上，貼上剪牙口對摺的裡布C。
C的另一側袋口部分，及表前袋身皮革的U字形切口部分黏合。
將這個及表後袋身正面相對合印後，縫合周圍一圈，翻回正面。也縫合疊入裡袋，鑲嵌大口金，也嵌上小口金。

布的二三事

白色光面皮搭配金黃色口金，似乎過於單調，因此加上白×黑×金的華美裡布。建議使用厚0.7至0.8mm的皮革。比這個厚度厚時，若部分不削薄，製作這種造型的口金包有些勉強。

● **裡布的裁法**

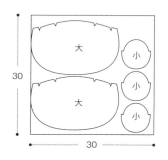

● **小・裡布C的作法**

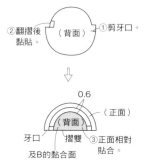

● **小・裡袋的作法**

● **小・裡袋的安裝法**

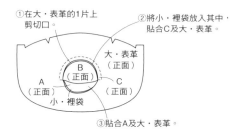

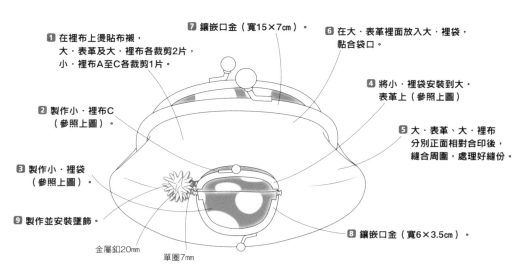

1 在裡布上燙貼布襯，
　　大・表革及大・裡布各裁剪2片，
　　小・裡布A至C各裁剪1片。

2 製作小・裡布C
　　（參照上圖）。

3 製作小・裡袋
　　（參照上圖）。

9 製作並安裝墜飾。

金屬釦20mm

單圈7mm

7 鑲嵌口金（寬15×7cm）。

6 在大・表革裡面放入大・裡袋，
　　黏合袋口。

4 將小・裡袋安裝到大・
　　表革上（參照上圖）

5 大・表革、大・裡布
　　分別正面相對合印後，
　　縫合周圍，處理好縫份。

8 鑲嵌口金（寬6×3.5cm）。

雙層皮肩包

Photo P.25　　Pattern P.76　　No.32

尺寸　W18×H15cm（四合釦釦合時）

材料
表革（0.8mm厚的壓紋豬革）：40×26cm
裡布（素色棉麻布）：40×26cm
布襯（裡布用）：40×26cm
四合釦：直徑1cm共2組
單圈：直徑7mm共2個
附彈簧鉤鍊條：120cm
口金：寬18×4.5cm（F30、F25·N／⑦）各1個

步驟
參照基本作法　Type C（P.41）。

作法重點
表革、裡布都縫合兩側，處理好縫份後，只
有縫合裡布作為袋底的部分。在表革上裝上
四合釦。之後重疊表裡，黏貼袋口，鑲嵌口
金。

● 裡袋底的縫法

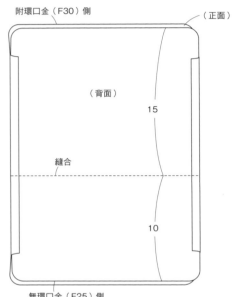

附環口金（F30）側　　　　　　　　　（正面）

（背面）

15

縫合

10

無環口金（F25）側

① 在裡布上燙貼布襯，
　表革、裡布各裁剪2片

③ 表革、裡布分別正面相對合印後，
　縫合側身，處理好縫份。

⑤ 在表袋中放入裡袋，
　黏合袋口。

⑥ 鑲嵌口金。

⑦ 裝上鍊條。

單圈

袋底

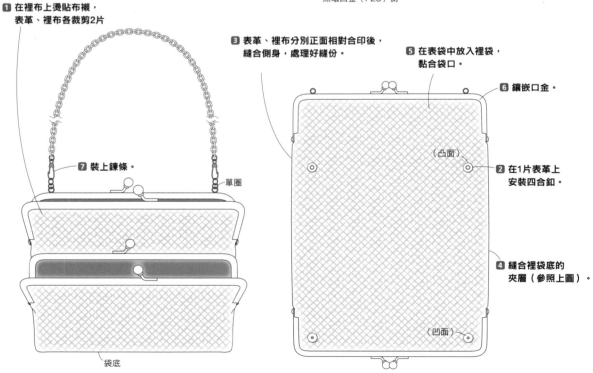

（凸面）

② 在1片表革上
　安裝四合釦。

④ 縫合裡袋底的
　夾層（參照上圖）。

（凹面）

條紋珠頭＋尖褶的隨身包

Photo P.26　Pattern P.77　No.33

尺寸　W17×H11cm

材料
表布（a：復刻版花布（Feedsack）、b：印花棉布）：各20×27cm
裡布（水手布）：各20×27cm
布襯（表布・裡布用）：各40×27cm
口金：寬12.2×6.2cm
　　　（12cm條紋糖果珠口金　a：紅×白・N、
　　　　b：黑×白・N／⑫）各1個

步驟
參照基本作法　Type A（P.38）。

作法重點
尖褶是表袋向上倒，裡袋向下倒，以分散厚度。

1 表布及裡布都燙貼布襯，
各裁剪2片。

3 在表袋中放入裡袋，
黏合袋口。

2 表布及裡布分別縫尖褶
（參照P.53 No.22）後，
正面相對合印，
縫合周圍，處理好縫份。

4 鑲嵌口金。

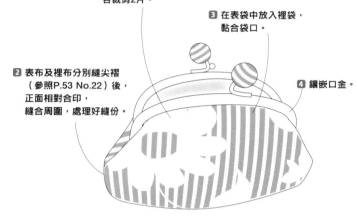

 **壓克力珠頭＋針織縮絨的
窄底隨身包**

Photo P.27　Pattern P.77　No.34

尺寸　W16×H10×D4.5cm

材料
表布（縮絨針織物）：各23×26cm
裡布（圓點印花棉布卜）：各23×26cm
布襯（表布・裡布用）：各45×26cm
口金：寬12×6cm
　　　（12cm角丸形壓克力珠口金　a：象牙珠・G、
　　　　b：黑珠・ATS、c：翡翠珠・N／⑫）各1個

步驟
參照基本作法　Type A（P.38）。

作法重點
使用柔軟素材，袋口會凹陷，所以最好加上
袋口襯（參照P.36）。

1 表布及裡布都燙貼布襯後，
各裁剪1片。

3 在表袋中放入裡袋，
黏合袋口。

4 鑲嵌口金。

2 表布及裡布分別縫合兩側，
再縫合側身
（參照P.59 No.29），
處理好縫份。

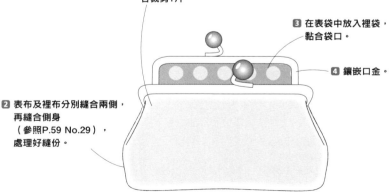

木珠＋毛料加仿麂皮滾邊的提包＆隨身包

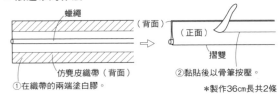

【提包】

Photo P.28　Pattern P.77　No.35

尺寸　W25×H14×D9cm

材料

表布（蘇格蘭羊毛布）：27×52cm
裡布（印花棉布）：27×52cm
布襯（表布・裡布用）：54×52cm
仿麂皮織帶：寬0.25cm長80cm
蠟繩：直徑0.3cm長80cm
皮帶：0.9cm寬長35cm
彈簧鉤：長35mm共2個
單圈：直徑7mm共2個
雙面鉚釘：直徑5mm共2組
口金：寬18×8.2cm（18cm木珠附環 褐色・N／②）

步驟

參照基本作法　Type A（P.38）。

作法重點

這件作品雖利用市售的滾邊帶，不過我也建議可以配合布料自己製作。不綻線、具伸縮性的仿麂皮織帶，適合這樣運用。以布製作滾邊帶時，裁正斜紋製成布條，裡面夾入繩心。

貼在圓弧部分時，滾邊帶的縫份上剪細牙口。貼織帶後，從距離邊端0.2cm處，以縫紉機車縫。

縫合袋身及側身時，將記號合印，圓弧部分是在袋身側縫份上剪牙口。

● 滾邊帶的作法

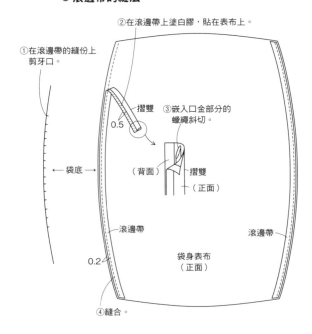

蠟繩
（背面）
（正面）
仿麂皮織帶（背面）
①在織帶的兩端塗白膠。
②黏貼後以骨筆按壓。
＊製作36cm長共2條

● 滾邊帶的縫法

②在滾邊帶上塗白膠，貼在表布上。
①在滾邊帶的縫份上剪牙口。
摺雙
0.5
③嵌入口金部分的蠟繩斜切。
（背面）
摺雙
（正面）
←袋底→
滾邊帶
滾邊帶
0.2
袋身表布（正面）
④縫合。

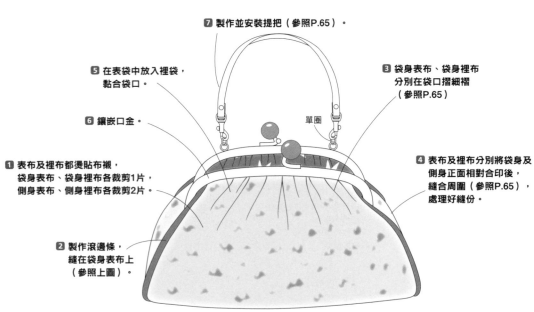

7 製作並安裝提把（參照P.65）。

5 在表袋中放入裡袋，黏合袋口。

6 鑲嵌口金。

3 袋身表布、袋身裡布分別在袋口摺細褶（參照P.65）

單圈

1 表布及裡布都燙貼布襯，袋身表布、袋身裡布各剪1片，側身表布、側身裡布各裁剪2片。

4 表布及裡布分別將袋身及側身正面相對合印後，縫合周圍（參照P.65），處理好縫份。

2 製作滾邊條，縫在袋身表布上（參照上圖）。

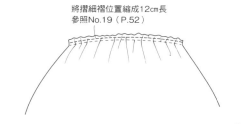

將摺細褶位置縮成12cm長
參照No.19（P.52）

參照No.19（P.52）

布的二三事

我希望以木珠頭口金搭配蘇格蘭羊毛布，但羊毛布不是薄布，所以摺細褶＋仿麂皮的滾邊這樣的設計，鑲嵌口金時略有難度。需要善用錐子且保持耐心。

● 袋身及側身的縫法

將記號合印，
在袋身側的圓弧部分剪牙口，
參照No.30（P.60）

參照No.30（P.60）

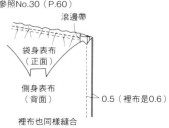

滾邊帶
袋身表布
（正面）
側身表布
（背面）
0.5（裡布是0.6）
裡布也同樣縫合

● 提把的作法

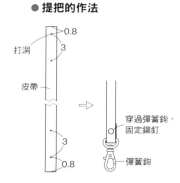

0.8
3
打洞
皮帶
3
0.8

穿過彈簧鉤，
固定鉚釘
彈簧鉤

【 隨身包 】
Photo P.28　Pattern P.77　No.36

尺寸　W13×H9cm

材料
表布（蘇格蘭羊毛布）：16×22cm
裡布（印花棉布）：16×22cm
布襯（表布・裡布用）：32×22cm
仿麂皮織帶：寬0.25cm長30cm
蠟繩：直徑0.3cm長30cm
口金：寬10×4.9cm
　　　（9.9cm木珠附圓環　褐色・N／☺）

步驟
參照基本作法　Type A（P.38）。

參照基本作法　Type A（P.38）。

作法重點
滾邊帶的縫法，參照No.35的提包（P.64）。

參照No.35的提包（P.64）。

● 滾邊帶的縫法

白膠
斜裁蠟繩
蠟繩

對摺後貼合
裁掉

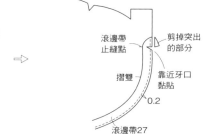

滾邊帶
止縫點
摺雙

剪掉突出
的部分
靠近牙口
黏貼
0.2
滾邊帶27

● 袋布的縫法

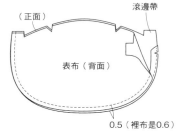

（正面）
滾邊帶
表布（背面）
0.5（裡布是0.6）

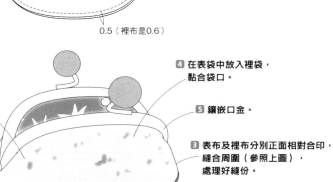

❹ 在表袋中放入裡袋，
黏合袋口。

❶ 表布及裡布都燙貼布襯，
各裁剪2片。

❺ 鑲嵌口金。

❷ 製作滾邊帶，縫在表布上
（參照上圖）。

❸ 表布及裡布分別正面相對合印，
縫合周圍（參照上圖），
處理好縫份。

大理石方珠頭＋縐綢及帆布的四角隨身包

【小】

Photo P.29　**Pattern** P.78　No.37

尺寸　W15×H9.5×D9cm

材料
表布（袋身用／縐綢）：22×11cm
表布（側身用／7號帆布）：30×11cm
裡布（素色麻布）：30×22cm
布襯（表布・裡布用）：30×44cm
口金：寬10.4×5.6cm（『CUBE』大理石10.5cm 角丸形・ATS／⑰）

【大】

Photo P.29　**Pattern** P.78　No.38

尺寸　W20×H9.5×D9cm

材料
表布（袋身用／縐綢）：32×11cm
表布（側身用／7號帆布）：34×11cm
裡布（素色麻布）：34×22cm
布襯（表布・裡布用）：34×44cm
口金：寬14.9×6cm（『CUBE』大理石15cm角丸形・ATS／⑰）

步驟
參照基本作法　Type A（P.38）。

作法重點
縫合袋身及側身時，將記號合印，圓弧部分
是在側身的縫份上剪牙口。

● **袋身及側身的接合法**

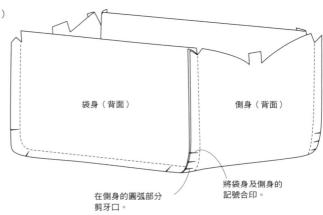

袋身（背面）　　　側身（背面）

在側身的圓弧部分
剪牙口。

將袋身及側身的
記號合印。

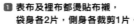

❶ 表布及裡布都燙貼布襯，
　袋身各2片，側身各裁剪1片。

❸ 在表袋中放入裡袋，
　黏合袋口。

❷ 表布及裡布分別將袋身＆側身
　正面相對合印後縫合（參照上圖），
　處理好縫份。

❹ 鑲嵌口金。

[小]　　　　[大]

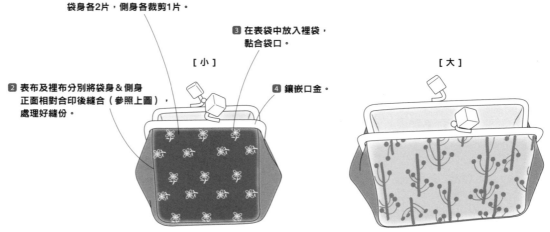

66

銀星流蘇包&金星隨身包

Photo P.30　Pattern P.79　No.39

尺寸　W22×H14cm

【流蘇包】

材料

表布（印度絲）：25×34cm
裡布（印花棉布）：25×32cm
布襯（表布・裡布用）：48×34cm
串珠流蘇織帶：0.45cm寬24cm長
附彈簧鉤鍊條：38cm
單圈：直徑7mm共2個
口金：寬12.2×6.2cm（12cm星型珠附環・N／⑨）

【隨身包】

材料

表布（印度絲布）：25×32cm
裡布（印花棉布）：25×32cm
布襯（表布・裡布用）：48×32cm
口金：寬12.2×6.2cm（12cm星型珠・ATS／⑨）

步驟

參照基本作法　Type A（P.38）。

作法重點

流蘇包是在表布底部夾入流蘇織帶，所以裁成2片，裡布是袋底摺雙，所以裁剪1片。隨身包是表裡都是袋底摺雙，各裁剪1片。

● **提包　流蘇織帶的縫法**

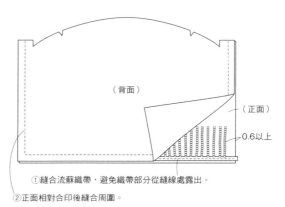

（背面）

（正面）

0.6以上

①縫合流蘇織帶，避免織帶部分從縫線處露出。

②正面相對合印後縫合周圍。

● **細褶的摺法**

摺細褶位置縮成9cm
參照No.19（P.52）

[流蘇包]　　　　　　　　　　[隨身包]

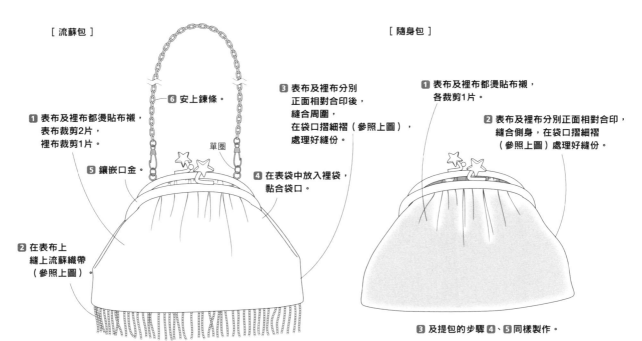

6 安上鍊條。

1 表布及裡布都燙貼布襯，
表布裁剪2片，
裡布裁剪1片。

5 鑲嵌口金。

單圈

2 在表布上
縫上流蘇織帶
（參照上圖）

3 表布及裡布分別
正面相對合印後，
縫合周圍，
在袋口摺細褶（參照上圖），
處理好縫份。

4 在表袋中放入裡袋，
黏合袋口。

1 表布及裡布都燙貼布襯，
各裁剪1片。

2 表布及裡布分別正面相對合印，
縫合側身，在袋口摺細褶
（參照上圖）處理好縫份。

3 及提包的步驟**4**、**5**同樣製作。

鑲鑽口金
絲絨提包&項鍊

【 提包 】

Photo P.31　**Pattern** P.79　No.40

尺寸　W18×H12×D6cm

材料
表布（絲絨布）：40×25cm
裡布（圓點緹花布）：40×25cm
布襯（表布・裡布用）：40×50cm
塑膠鍊條：33cm、1條
單圈：直徑13mm共2個
口金：寬11.4×6.4cm（LH-07・N／②）

步驟
參照基本作法　Type A（P.38）。

作法重點
縫合袋身及側身時，將記號合印，圓弧部分
是在側身縫份上剪牙口。希望提包的外形硬
挺時，可以加上袋口襯（參照P.36）。

【 項鍊 】

Photo P.31　**Pattern** P.79　No.41

尺寸　W4×H4cm

材料
表布（絲絨布）：6×8cm
裡布（圓點緹花布）：6×8cm
布襯（表布・裡布用）：12×8cm
鍊條：80cm
單圈：直徑7mm共2個
人造鑽墜飾：直徑10mm 、1個
T針：1條
口金：寬3.7×3.6cm（F1・N／②）

步驟
參照基本作法　Type B（P.41）。

作法重點
希望包形硬挺時，可加上袋身襯
（參照P.36）。

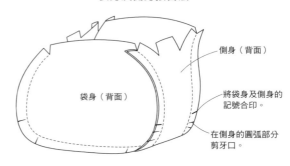

布的二三事

絲絨般的絨毛布，裁剪時請注意毛順方向。
使用零頭布時，也請統一袋身的毛順方向。
這件作品的側身是橫向裁取布塊，不過毛順
方向不明顯時，可在袋底中央接合。項鍊也
是將毛順看起來較漂亮側用於前方。

● **袋身及側身接合法**

側身（背面）

袋身（背面）

將袋身及側身的
記號合印。

在側身的圓弧部分
剪牙口。

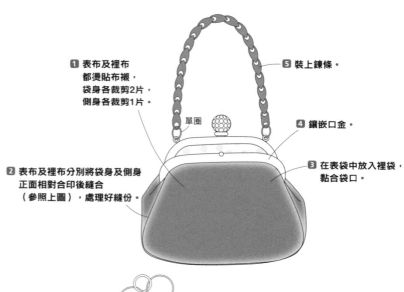

1 表布及裡布
都燙貼布襯，
袋身各裁剪2片，
側身各裁剪1片。

5 裝上鍊條。

單圈

4 鑲嵌口金。

2 表布及裡布分別將袋身及側身
正面相對合印後縫合
（參照上圖），處理好縫份。

3 在表袋中放入裡袋，
黏合袋口。

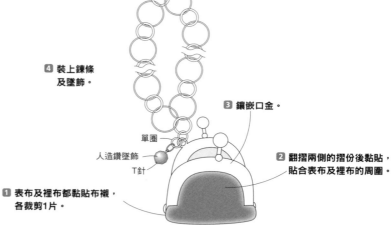

4 裝上鍊條
及墜飾。

3 鑲嵌口金。

單圈

人造鑽墜飾

T針

2 翻摺兩側的摺份後黏貼，
貼合表布及裡布的周圍。

1 表布及裡布都黏貼布襯，
各裁剪1片。

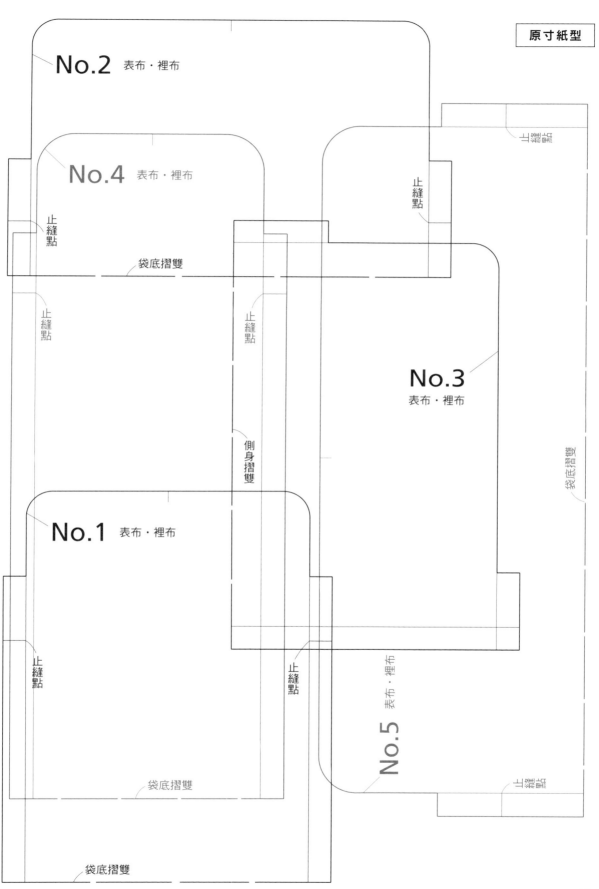

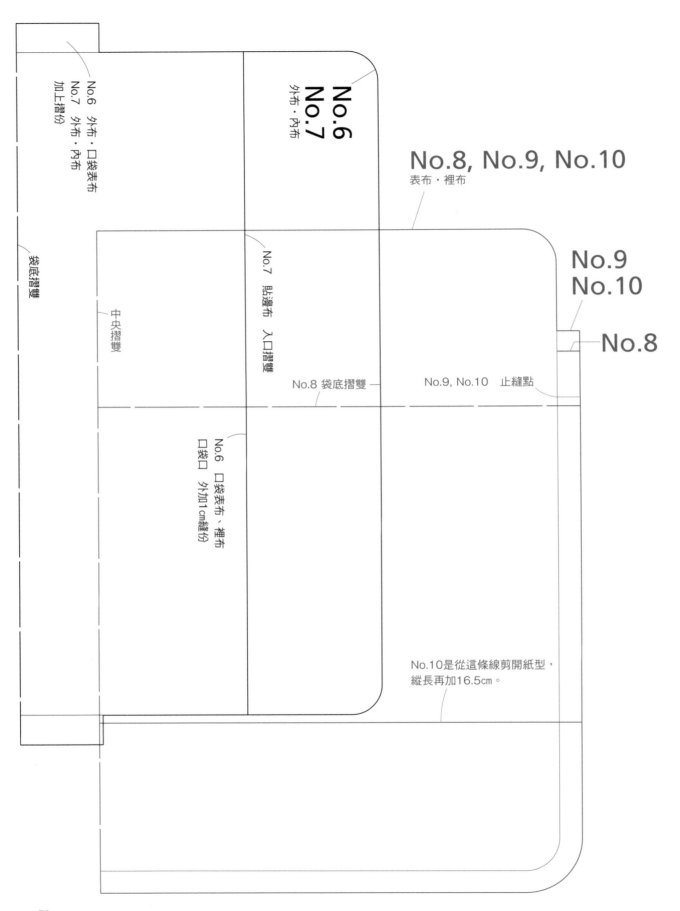

No.6
No.7
外布・內布

No.6 外布・口袋表布
No.7 外布・內布
加上摺份

袋底摺雙

No.8, No.9, No.10
表布・裡布

No.9
No.10

No.8

No.7 貼邊布　入口摺雙

中央摺雙

No.8 袋底摺雙　　　No.9, No.10　止縫點

No.6 口袋表布・裡布
口袋口　外加1cm縫份

No.10是從這條線剪開紙型，
縱長再加16.5cm。

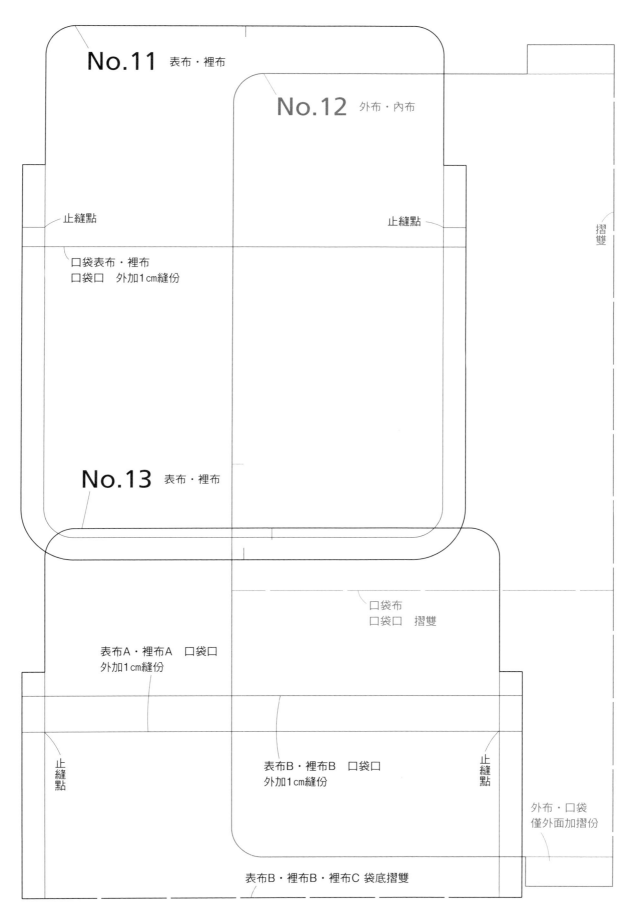

No.11　表布・裡布

No.12　外布・內布

止縫點　　　　　　　　　　　　　　　　止縫點

口袋表布・裡布
口袋口　外加1cm縫份

摺雙

No.13　表布・裡布

口袋布
口袋口　摺雙

表布A・裡布A　口袋口
外加1cm縫份

止縫點　　　表布B・裡布B　口袋口　　　止縫點
　　　　　　外加1cm縫份

外布・口袋
僅外面加摺份

表布B・裡布B・裡布C 袋底摺雙

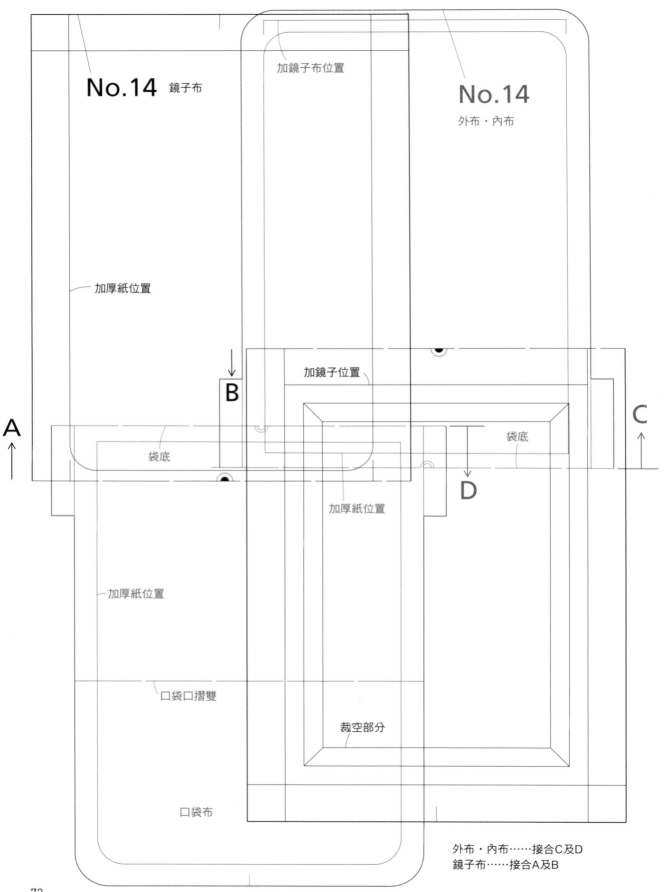

No.14　鏡子布

加鏡子布位置

No.14

外布・內布

加厚紙位置

B

加鏡子位置

A

袋底

袋底

C

D

加厚紙位置

加厚紙位置

口袋口摺雙

裁空部分

口袋布

外布・內布……接合C及D
鏡子布……接合A及B

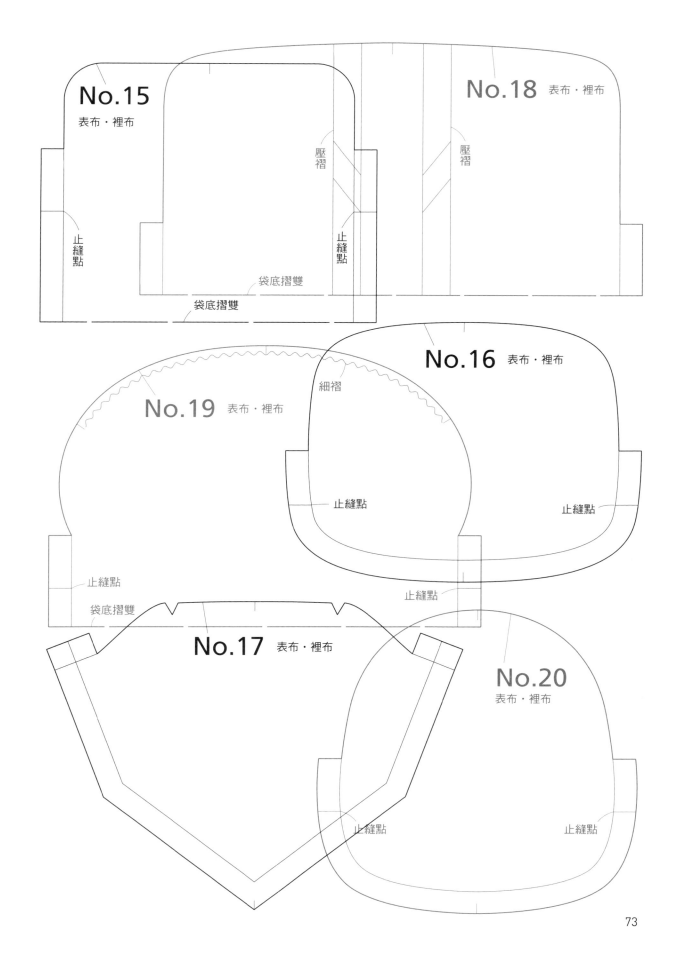

No.15
表布・裡布

壓褶

止縫點

止縫點

袋底摺雙

袋底摺雙

No.18 表布・裡布

壓褶

No.19 表布・裡布

細褶

No.16 表布・裡布

止縫點

止縫點

止縫點

止縫點

袋底摺雙

No.17 表布・裡布

No.20
表布・裡布

止縫點

止縫點

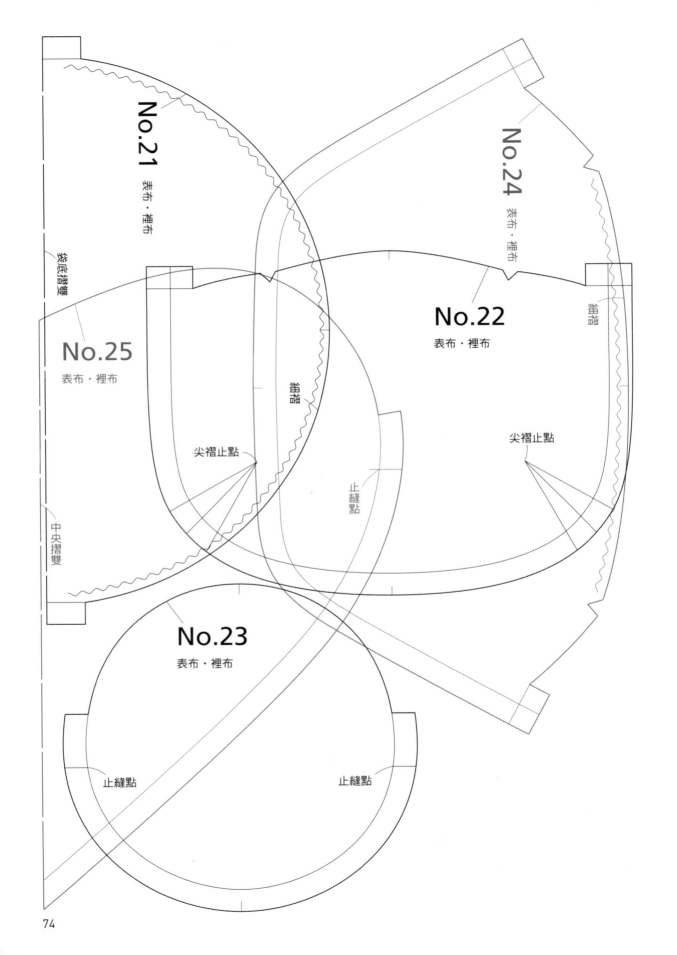

No.21 表布・裡布

No.24 表布・裡布

No.22 表布・裡布

No.25 表布・裡布

No.23 表布・裡布

袋底摺雙

中央摺雙

細褶

細褶

尖褶止點

尖褶止點

止縫點

止縫點

止縫點

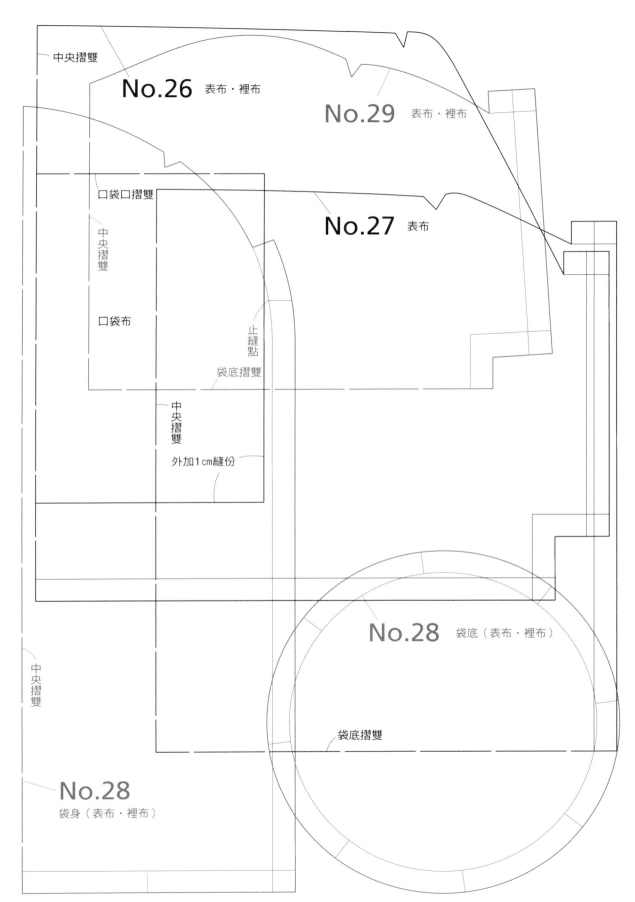

中央摺雙

No.26 表布・裡布

No.29 表布・裡布

口袋口摺雙

中央摺雙

No.27 表布

口袋布

止縫點

袋底摺雙

中央摺雙

外加1cm縫份

No.28 袋底（表布・裡布）

中央摺雙

袋底摺雙

No.28
袋身（表布・裡布）

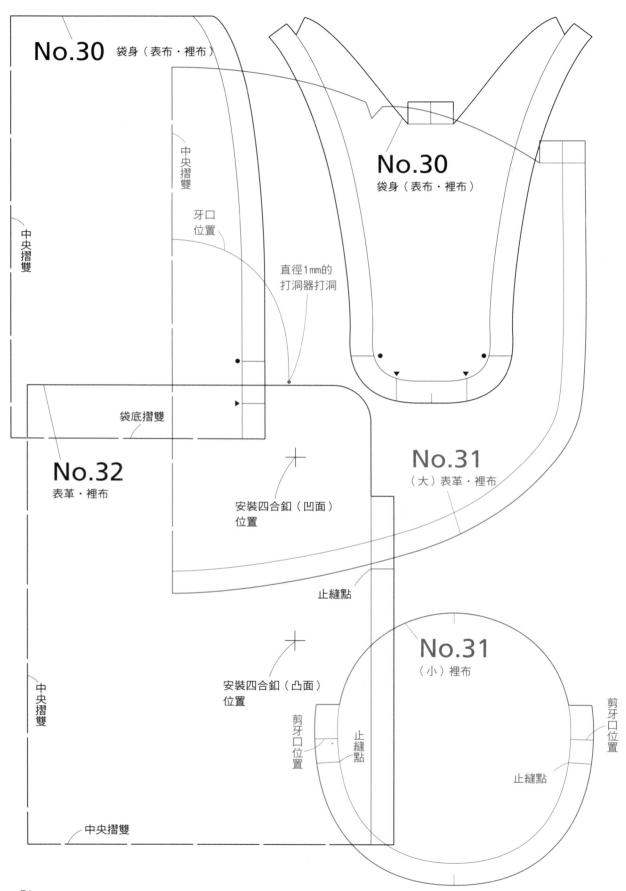

No.30 袋身（表布・裡布）

中央摺雙

中央摺雙

牙口
位置

中央摺雙

No.30
袋身（表布・裡布）

直徑1mm的
打洞器打洞

袋底摺雙

No.32
表革・裡布

No.31
（大）表革・裡布

安裝四合釦（凹面）
位置

止縫點

安裝四合釦（凸面）
位置

No.31
（小）裡布

中央摺雙

剪牙口位置

止縫點

剪牙口位置

止縫點

中央摺雙

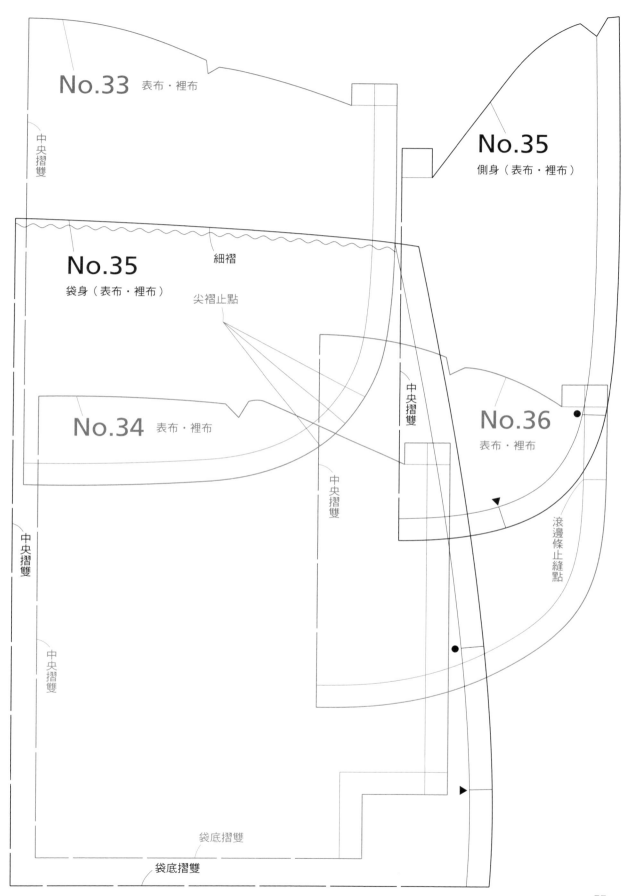

No.33 表布・裡布

中央摺雙

No.35 側身（表布・裡布）

No.35 袋身（表布・裡布）

細褶

尖褶止點

中央摺雙

No.34 表布・裡布

中央摺雙

No.36 表布・裡布

滾邊條止縫點

中央摺雙

中央摺雙

中央摺雙

袋底摺雙

袋底摺雙

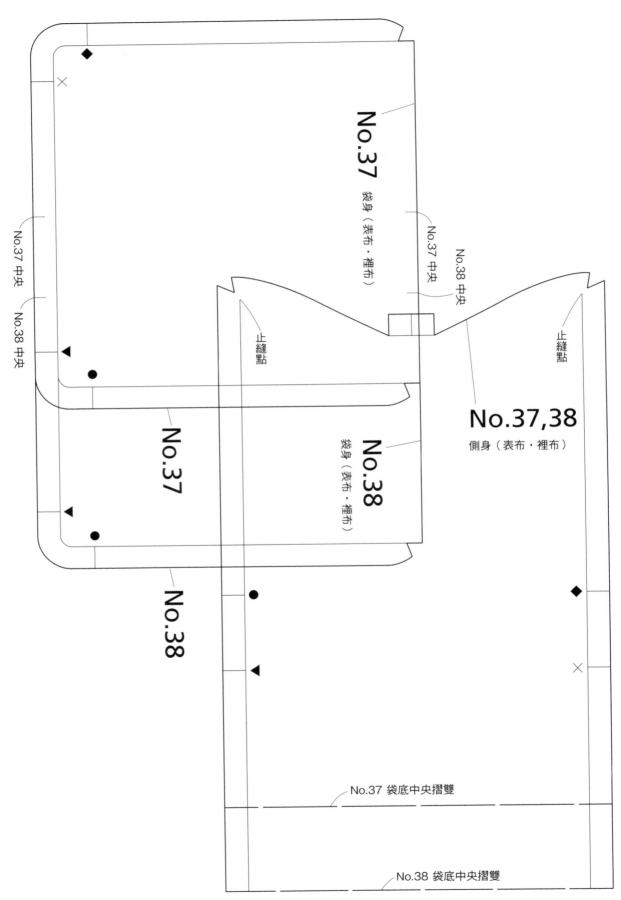

No.37 袋身（表布・裡布）

No.37 中央

No.38 中央

No.37 中央

No.38 中央

No.37

No.38

No.37

No.38

止縫點

止縫點

No.38 袋身（表布・裡布）

No.37,38

側身（表布・裡布）

No.37 袋底中央摺雙

No.38 袋底中央摺雙

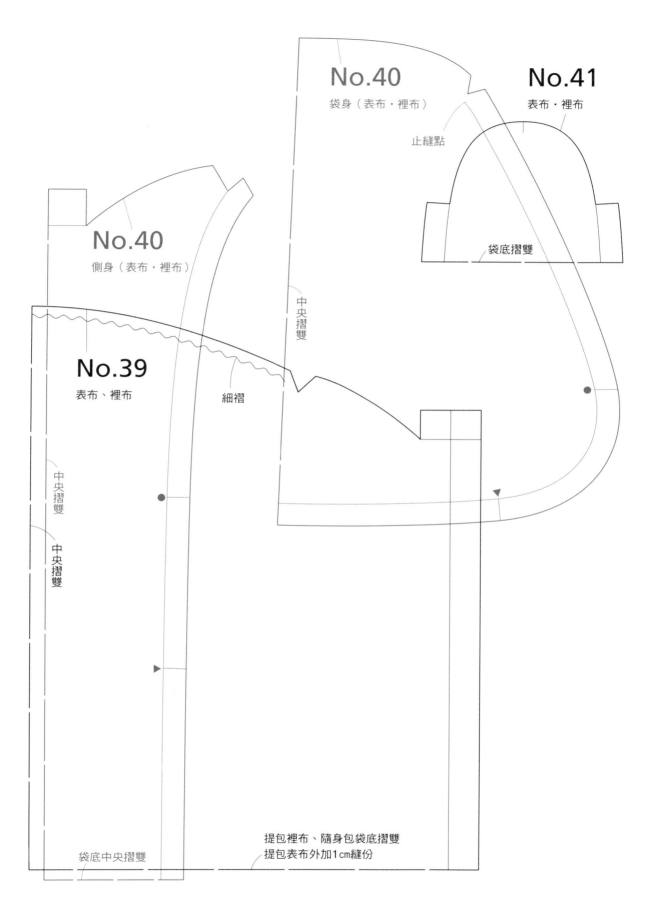

No.40
袋身（表布・裡布）

止縫點

No.41
表布・裡布

No.40
側身（表布・裡布）

袋底摺雙

No.39
表布、裡布

細褶

中央摺雙

中央摺雙

中央摺雙

袋底中央摺雙

提包裡布、隨身包袋底摺雙
提包表布外加1cm縫份

【Fun手作】114

白膠黏貼就OK！簡單縫，好好作！
新手也能駕馭の41個時尚特選口金包

作　　者／越膳夕香
譯　　者／沙子芳
發 行 人／詹慶和
總 編 輯／蔡麗玲
執行編輯／黃璟安
編　　輯／蔡毓玲‧劉蕙寧‧陳姿伶‧李佳穎‧李宛真
執行美編／陳麗娜
美術編輯／周盈汝‧韓欣恬
內頁排版／造極彩色印刷
出 版 者／雅書堂文化事業有限公司
發 行 者／雅書堂文化事業有限公司
郵政劃撥帳號／18225950
戶　　名／雅書堂文化事業有限公司
地　　址／新北市板橋區板新路206號3樓
電　　話／（02）8952-4078
傳　　真／（02）8952-4084
網　　址／www.elegantbooks.com.tw
電子郵件／elegant.books@msa.hinet.net

2017年3月初版一刷　定價／350元

TSUKAIMICHI IROIRO KATACHI MO IROIRO MOTTO GAMAGUCHI NO
HON
©YUKA KOSHIZEN 2013
Originally published in Japan in 2013 by Kawade Shobo Shinsha Ltd.
Publishers, Tokyo.
Chines translation rights arranged through TOHAN CORPORATION,
TOKYO., and Keio Cultural Enterprise Co., Ltd.

總經銷／朝日文化事業有限公司
進退貨地址／新北市中和區橋安街15巷1號7樓
電話／(02) 2249-7714
傳真／(02) 2249-8715

國家圖書館出版品預行編目資料

白膠黏貼就OK!簡單縫,好好作!新手也能駕馭の41
個時尚特選口金包 / 越膳夕香著 ; 沙子芳譯.
-- 初版. -- 新北市：雅書堂文化, 2017.03
　面；　　公分. -- (Fun手作；114)
ISBN 978-986-302-358-6(平裝)

1.手提袋 2.手工藝

426.7　　　　　　　　　　　　　　106002435

Profile

越膳夕香（こしぜんゆか）

出生於北海道旭川市。曾任女性雜誌編輯，現為作
家，在手工藝雜誌等刊物發表包包、布作小物、針織
小物等作品。從和服布料到皮革，運用廣泛多元的素
材創作，除了鞋子之外，大部分作品均自學製作。想
要的東西沒賣時，便會自己製作，而且不喜歡與他人
相同，所以自己動手創作。在努力的創作之路上，不
但開心，作品也漂亮又實用。基於這樣的理念，她成
立「Xixiang手工藝俱樂部」，其手藝教室崇尚自由
風格，學員可攜帶自己喜愛的素材，隨性製作想作的
小物。教室隨時都有招收學員。著有《從這個手作包
展開旅程》、《手作人最愛×拼布人必學！：39個一
級棒の口金包》。（均由河出書房新社出版）
http://www.xixiang.net

Staff

攝影 ＊ 中島千絵美
設計 ＊ 釜内由紀江、五十嵐奈央子、石神奈津子
（GRiD）
插畫 ＊ 大楽里美（day studio）
作法解説 ＊ 吉田彩
編 ＊ 村松千絵（Cre-Sea）

［口金提供］

■タカギ繊維株式会社
http://www.takagi-seni.com/

■株式会社角田商店
http://shop.towanny.com/

■藤久株式会社
http://www.crafttown.jp

※本書收錄作品僅作為手作樂趣之用，請勿用於其他商業用途，
敬請配合。

新手也能駕馭の
41個時尚特選口金包
白膠黏貼就OK！簡單縫，好好作！

手作人最愛×拼布人必學！
39個一級棒の口金包

專為新手設計的第一本自學縫口金框×製作口金包最強工具書！
學會作口金包，一本OK！

越膳夕香◎著
定價350元

書中共收錄39款簡易且能輕鬆上手的袋型，內附紙型，作者依不同布料
調整作法，並在作法頁面標記布料選擇的重點及布料小故事，書內多款作
品的布料，都是自舊大衣剪下的布或是製作其他作品而剩餘的零碼布，讓
您在製作及選擇口金包材料時，也能夠有更多的想法，既環保又具有紀念
價值，快跟著夕香老師一起製作屬於您個人風格的可愛口金包吧！